K.G. りぶれっと No. 42

いしひび

石干見のある風景

田和正孝［編］

関西学院大学出版会

はじめに

石干見（イシヒビ、あるいはイシヒミ）は、石を積んで造られた伝統的な陥穽漁具です。まだまだ市民権を得ているる用語とはいいがたいので、冒頭はいつもこの漁具の説明から始めることにしています。石干見は、一般的には潮位差が顕著な海岸部に岩塊や転石を馬蹄形や方形に積んで構築した大型の定置漁具です。石積みの上面は水平に積まれ、満潮時には海面下に没し、干潮時には一部または全部が干上がるように工夫されています。魚群が上げ潮流とともに接岸し、この石積み内に入ります。下げ潮流の時になると魚群は沖へと戻りますが、なかには出遅れて石積み内に封じこめられるものがいます。これらが、補助漁具を使って、あるいは手づかみによって漁獲されることになります。

石干見の分布域は、東アジア（日本・韓国・台湾）、東南アジア（フィリピン・インドネシアなど）、南太平洋各地の干潟地帯やサンゴ礁島の周辺、イギリス諸島、フランス・スペインの大西洋岸、南アフリカ、オーストラリア周辺部、北アメリカの太平洋岸など、世界中に広がります。現在でも実際に使用されているものが数多くあります。

日本では、かつて周防灘沿岸や有明海周辺、島原半島、五島列島、奄美諸島、沖縄諸島、宮古列島、八重山諸島などの沿岸に存在していました。しかし今も魚とりが続けられている石干見は、長崎県諫早市水ノ浦に残る石干見（スクイ）と沖縄県の伊良部島佐和田浜に残る石干見（カツ）の二基だけとなってしまいました。

さて、私たちは、二〇一四年、このリブレットを借りて『石干見に集う――伝統漁法を守る人びと』を刊行しました。各地に残る石干見に関する記録とともに、それを保全・活用する地域の人々の活動の記録を残さなければならないと考えたのが、出版の目的でした。その結果、多くの論文と報告が集まりました。最先端の石干見研究の成果を公表できたものと自負しています。それから三年、同書の「おわりに」に記したように、地域の情報をもっと多く蓄積したいという思いは今も変わりありません。また、新たな成果を得て、続編を必ず刊行することも読者の皆さんに約束しました。本書は、その約束を果たすべく、新たな情報を盛り込んだ一書です。

この間、二〇一五年一〇月には長崎県島原市において第五回石干見サミットが、「九州・沖縄スクイサミット ｉｎ 島原」と題して開催され、石干見にゆかりのある九州各地から多くの皆さんが集いました。主催した同市の市民団体「みんなでスクイを造ろう会」は、「世界的遺産を次世代へ！」という構想を打ち出しました。基調講演は、イコモス国際水中文化遺産委員会日本代表である東京海洋大学の岩淵聡文さんが務めました。岩淵さんは、国際会議での多くの経験をふまえ、「石干見――ユネスコ世界文化遺産の可能性」について熱く語られました。私も「石干見の文化遺産化」という話題を提供しました。

二〇一六年一〇月には、台湾澎湖列島馬公市の国立澎湖科技大学において、澎湖研究第一六回国際学術研討会が開催されました。台湾には世界遺産登録に値する自然と文化が一八あるといわれています。それらのうちの二つが澎湖列島に存在しています。列島の地質構造と石干見（台湾では石滬と表記してスーフーあるいはチューホーと読む）の文化です。玄武岩の柱状節理が各地に見られる澎湖は、列島全体がジオパークといっても過言ではありません。その玄武岩やサンゴ石灰岩を用いて築かれた石干見は六〇〇基以上存在したことが明らかとなっており、これらのうちの約一〇〇基では現在でも魚とりが続けられています。地質・地形と深くかかわる道具であり技術でもある石干見は、ジオパークにふさわしい文化遺産と位置づけることもできます。研討会は玄武岩地形と石干見の漁業文化をめぐるシンポジウムでした。私も参加する機会をいただき、「日本の石干見、台湾の石滬――漁具・漁法研究から文化遺産としての理解へ」と題して報告をしました。

研討会では、台湾の石干見研究をリードする澎湖科技大学の李明儒教授にお目にかかり、情報を交換することができました。澎湖列島の石干見については、李さんの指導のもと、正確なデータベースが完成しています。李さんは澎湖県政府文化局と協力して、いくつもの研究書やガイドブック、パンフレット類を出版されています。澎湖は、石干見が世界一集中する地域であるだけでなく、石干見研究のセンターでもあることを実感しました。データベース化を含む総論的な石干見研究は進んできたが、他方において漁業文化や所有権の問題、地域における保全と保存に関わる問題など、各論的な研究を今後もっと蓄積していかなければならない、という李さんのお話は印象的でした。日本の石干見研究についても同じことがいえるでしょう。本書の目的もこのあたりにあります。

本書の構成を示しておきます。今回も前著と同様に、「総説」「地域からの発信」「解説」の三部構成としました。総説として、まず岩淵聡文さんに島原半島における石干見調査の報告をお願いしました。石干見研究の第一人者であった西村朝日太郎先生の門下生でもある岩淵さんが石干見研究を回顧し、さらには水中考古学的研究の最前線をふまえつつ、雲仙市吾妻町にてドローンを用いて空中から石干見の痕跡を把握した論文は、巻頭を飾るにふさわしいものです。岩淵さんは先に「水中文化遺産としての石干見」[1]という論文も書かれています。合わせて参考にしていただきたいと思います。次に、長年にわたって石垣島白保のWWFサンゴ礁保護研究センター長として地元での石干見の復元に奔走され、またすべての石干見サミットの開催をけん引してこられた上村真仁さん（筑紫女学園大学）に、白保竿原での石干見復元にかかわるこれまでの活動を分析し、その活動と石干見サミットとの関係性を位置づけていただきます。地域からの発信は、第五回石干見サミットを主催いただいた「みんなでスクイを造ろう会」の楠大典さんによる、サミットの報告と記録です。最後に解説論文として、私が日本における開口型の石干見について若干の考察を加えました。前回同様、どの論文、報告から読み進めていただいても理解が深まると考えています。

読者の皆さんに石干見をめぐる研究の豊かさと面白さを感じていただければ、執筆者一同幸いとするところです。

注

（1）岩淵聡文（二〇一七）「水中文化遺産としての石干見」、林田憲三編『水中文化遺産——海から蘇る歴史』勉誠出版、二二九—二四七頁。

目次

総説

1 島原半島の石干見
「石干見」再生・活用の多面的な価値の発見

岩淵　聡文

一　石干見の研究

二〇世紀の前半までは、石干見という定置漁具に特段の関心を抱いた研究者は世界的にも稀であった。自らがフィールド・ワークを実施した現場にそれがあり、当該文化の一文化徴憑である特殊な漁具として石干見に言及した初期の文化人類学者の一人が、ケンブリッジ大学のトレス海峡調査隊に参加したアルフレッド・コート・ハッドンである。その調査報告書のなかでハッドンは、トレス海峡の島々にあった石干見について次のような記述を残している。

マブイアグ島のようないくつかの西方の島々の広い裾礁の東側にもあるが、とりわけ東方の島々には、加工していない丸石で作られた長大でそれほど高くはない障壁がある。むしろ、丸石が積み上げられているものといった方が正しく、その高さは三~四フィートである。こうした障壁は、礁池の広い範囲を不規則に取り囲んでおり、西方ではグラツ、東方ではサイと命名されている。北西モンスーン季になって島の風下側の海が穏やかになると、たくさんの魚が高潮時に泳いで障壁を越えてくる。しかし、夜に低潮となると逃げることができなくなり、魚たちは容易に捕獲されてしまう（Haddon 1912）。

動物学者で民族誌家でもあったジェームズ・ホーネルは、南アジアにおいて水産技術の支援に携わった経験から、漁撈具の通文化資料の体系化に尽力する。その死後に出版された世界の漁法の概説書では、石干見が包括的に論じられている。

石干見。潮汐点の間で馬蹄形に配された漂石の壁によって魚をわなにかける方法は疑いなく最も原始的な漁法の一つで、おそらく魚を自動的に上手く捕るための機械的な装置を考えだした古い時代の人類のまさに最も古い努力の結果であった（藪内 一九七八：Hornell 1950）。

このような先行研究を受けて、一九五七年に早稲田大学教授であった西村朝日太郎は有明海沿岸部での石干見調査を開始する。通文化的な視点を持った石干見研究としては、世界初の試みであった。西村朝日太郎は当時、文化人類学の理論や東南アジアの慣習法研究においてすでに国際的にも著名な碩学としての名声を確立していたが、幼少時からの海への関心をここにきてフィールド・ワークという形で具体化したのである。その背景には、当然のことながら、古代の海上運搬具研究の世界的な権威であった実父の文化人類学者、西村眞次の影響も見逃すことはできない。諫早湾周辺の調査により、これまで文献からのみしか知りえなかった石干見がいまだに現役の漁具であり続けていることを視認した西村朝日太郎は、その調査域を拡大させていく。島原半島の次の調査地として選ばれたのは、南西諸島であった。その時期にはまだ「外国」であり、日本人による調査が難しかった時代にあって、西村朝日太郎はその義兄が琉球政財界の最有力者であったという人脈を生かして石干見の調査を成功させていく。当時としては最先端の航空写真を駆使しての石干見の分布調査は、これも世界初の試みである。現地調査の一方、一九六一年にはハワイで開催された第一〇回太平洋学術会議において石干見を取り扱った研究発表も実施する（Nishimura 1964：西村二〇〇三）。

その後、西村朝日太郎は他の早稲田大学のスタッフと共同で日本各地の石干見の調査を実施し、国外でも台湾やフランスなどで石干見の探査を実施することになった。しかしながら、一九八〇年代以降になると、石干見研究は停滞してしまったという。その背景には、一言でいえば、漁具としての石干見の役割の消滅があった。沿岸部における水産業の発展は石干見漁撈における漁獲の急激な減少を招き、同時に養殖場などの確保を目的とした沿岸開発は石干見の意図的な破壊や放棄につながっていったのである（田和二〇一一）。後者については、世界にはまだ近代的な海岸線開発が及ばない地域はいくらでも残っており、そのような場所では、石干見が飢饉の際などに今でも造り続けられている。最大の問題はむしろ前者で、これは水産業における「辺境の消滅（Butcher 2004）」と軌を一にしている動きであるといえる。すなわち、世界各地の多くの場所で、石干見の建設や修復に投下する労働力の消費により得られる価値が、石干見漁撈全体が生み出すそれをすでに下回ってきてしまったのである。かなりの遠隔地でも、沖合には近代的な漁具を備えて、本来であれば石干見に入るべき小魚までも一網打尽にしてしまうような専業漁船ばかりが目につくというのが悲しい現実である。

図1　三室のスキ

二　三室のスキ

長崎県雲仙市吾妻町の三室は諫早湾の南岸の島原半島北部に位置し、かつては三室村と呼ばれていた。島原半島の他の沿岸村落と同様に、この三室村でもたくさんの石干見が造られてきた。一七〇七年の検地記録である『島原御領村、大概様子書』には、次のような記述が残されている。

三室村
一、すくい拾弐ヶ所、長百間ゟ六拾間迄
但志くち其他小肴有（西村　一九六九）

当時の三室村には一二箇の石干見があり、それぞれの直径は約一〇〇メートルから一八〇メートル、ボラの仲間であるメナダなどが漁獲されていたという記録である。その後、一八八七年には七箇、大正年間には、西に隣接する守山村の石干見と合わせて、合計一二箇の石干見が三室村には残っていた（瑞穂町一九八八）。しかしながら、二〇一六年現在、汀線の表土上に確実にその残存が確認できる石干見はわずか三箇のみである（図1）。これらの石干見は、現在でも「三室のスキ」と総称されているが、分布しているのは厳密にいえば、三室村と古部村の境界上である。西部のもっとも保存状態の良い石干見の東側のテサキ（石干見の円弧の端）へ流れ込む谷川がその村境で、西側が以前の三室村、東側が古部村道祖崎である。この川は、現在でも西の吾妻町と東の瑞穂町の町境となっている。

三室のスキが二つの村をまたぐ形で造られていたことに起因する、面白い事件が江戸中期に発生した。東側の石干見あるいは中央のそれのいずれかに、クジラの死骸が漂着したのである。当時としては、クジラは村々に富をもたらす宝船であった。この事件をさらに複雑にしたのは、江戸期において三室村は島原藩に、古部村道祖崎は佐賀藩神代領に属していたことによる。事件の概要は下記の通りである。五月六日に三室のスキにクジラが入ったとの報告があり、佐賀藩神代領の御目付や村御境目役人が見分に出向いたところ、三室村からの舟がクジラに綱などを打っている最中であった。三室のスキの管理者は代々、三室村の村人であったからである。古部村の庄屋から三室村の庄屋へ作業中止の要望が出され、三室村からの舟は一旦は退去した。しかし、三室村の石干見の管理者から改めて庄屋を通じて、三室のスキ内の漁業権はもっぱら管理者の手にあり、クジラは三室村で引き取りたいという伝言が寄せられた。これに危機感を持った佐賀藩側は、神代領から番船などを繰り出してクジラの監視を続けると同時に、藩庁へ指示を仰いだ。翌五月七日の朝から神代領の役人の監視下で古部村の村人によるクジラの解体が始まった。三室村からの舟は、番船により追い払われた。三室村の庄屋から、石干見の管理者と庄屋自身の不満の意を記した書状が届いたりもしたが、五月八日には解体作業はすべて終了した。三室村側からの襲撃などを予想しての警護活動なども行われた。しかし、結局は何も起こらず、古部村の解体作業を手伝った村人には、褒美が下賜された（松尾 二〇〇九）。

その空撮画像からすぐに視認できるように、三室のスキは三箇の石干見が東西方向に重なる形で汀線上に分布している。円弧の先端は、ほぼ北向きである。このように複数の石干見が複合して一連の石干見群を構成しているという構造はとくに珍しいものではなく、隣接している守山のスキも元々は三重のそれを持っていたらしい（中尾一九八九）。フランスにおける石干見でも、類似の構造は観察されている（Boucard 1984）。残存している円弧の全長は、西側にある石干見が三〇五メートル、中央のそれが二〇二メートル、東側のそれが一二九メートルである。したがって、三箇の三室のスキが占有している潮間帯の面積は、約一万九四〇平方メートル、あるいは約三三〇九坪となる。破損の度合いが著しく、比較的古い時期に放棄されたと考えられるもっとも東側の石干見を除いた残り二箇の占有総面積は、八九四〇平方メートル、あるいは二七〇四坪である。この数値は、一八七七年の『区画漁場貸渡根帳』記載の三室村に居住していた境川伊太郎なる人物が管理していた古部村道祖崎にあった石干見の坪数である二七六〇坪にきわめて近い。一八九四年の『漁場採藻区画貸渡根帳』では、同一と思われる二七六〇坪の石干見の管理者が、守山村の森田幸松という人物に変更されている（瑞穂町 一九八八）。現存する西側と中央の石干見であると即断はできないが、これらが一八七七年の段階で古部村道祖崎のスキと呼ばれていた複数の石干見であるという蓋然性は非常に高いと思われる。守山のスキについては、その管理者のなかに境川家や森田家の名はなく、今日の守山のそれは藤里家が代々所有してきたものである（原 一九八三）。

三箇の三室のスキの崩壊の度合いは著しく、スキンナカからスキンソトへ海水を排水するための開口部であるオロモト（図2）は、中央の石干見にのみ一カ所だけ残っている。他のオロモトはすべて、その出口であるオロジリとともに上部が崩落してしまっており、左右の石垣の間もかなり空いて、小川の河口のようになってしまってもいる。有明海沿岸部の石干見では必ず見られるオロモトの内側、あるいはオロジリの外側に設置される魚族の流出を防ぐための竹の簀オロダケも、当該石干見の管理者が不在のため、すでに長年にわたって作られていなかったようである。一方、半壊してはいるものの、石垣の底部あるいは基礎部分には、かなり古い時代のものと考えられる岩石が積み上げられている（図3）。しかし、スキンナカに数カ所は造られていたと思料される魚族を集める人工的な水たまりアカ

図２　オロモト

図３　テサキ（最西端付近）

トリも、それらしき場所はいくつか確認できるが、詳細は判別できない。低潮時の調査中、スキンナカでは微小の魚類あるいは甲殻類さえも見かけることは全くなかったからである。この三室のスキの反対側の諫早湾北岸にある石干見とは好対照の現象である。後者では、干潮時には少なくとも若干の雑魚やエビジャコなどは必ず観察できるのである。これは、三室のスキのある諫早湾の南岸においては、諫早湾干拓潮受堤防の完成以降とくに有機物が堆積し、底泥が嫌気状態に達しているばかりでなく、南風によって上層の海水が北に輸送され、下層の海水は逆に南に輸送されるという潮の流れに起因しているらしい。その影響を受けて、下層の海水が諫早湾南岸においては湧昇し、水産物を死滅させる低酸素水塊がここでは表層付近に現れてきているのである（李他 二〇〇九）。今日では、クジラどころかメナダの漁獲さえも全く期待できない状態である一方、岩ガキの採取だけは時折行われている。

三　石干見のこれから

一七〇七年の段階で、島原半島には約一六〇箇の石干見があったとされ、その後増減を繰り返しながら、明治時代の初頭には二一五箇、昭和初期には破損している石干見を含めて一〇〇箇前後のそれが存在していた（中山二〇一四）。しかしながら、ごく最近になって復元された石干見を除けば、旧来の意味における伝統漁撈の漁具として今もって機能している石干見は皆無である。石干見の保全については、「里海に存在する石干見」という大きな枠組みのなかで、漁業、ツーリズム、文化遺産という視点があるという（田和 二〇一二）。里海の特徴である生物多様性に石干見が寄与しているという事実は、海外からも報告されてきている（Jeffery 2013）。しかしながら、これは石干見を復元修復すれば豊かな里海が直ちに再生されるというような簡単な話ではないのである。三室のスキの事例でも明らかなように、外的な要因によって石干見を使った商業漁業がもはや実施不可能な海洋環境が作りだされているという場合も多い。脈絡は若干異なるが、高度経済成長期にかけて、海苔などの養殖場建設のために石干見が徹底的に破壊されたという事例も、石干見のある里海から養殖場のあるそれへという漁業史の必然性、時代の変遷を物語っているともいえる。ただし、こうした事実によっても、豊饒な海のシンボルとしての石干見の機能が否定されているものでは決してない。

残るツーリズムと文化遺産という視点は、石干見の将来を左右しうる。とりわけ、前者の観光資源としての石干見の活用は、地元民にとっても環境教育や体験型観光という形で還元されていくべきものであり、こうした試みは日本各地ですでに開始されている。このような活動は地元の民間団体により主導されるという側面が肝要であり、島原の「みんなでスクイを造ろう会」にはこの点からも大きな期待が寄せられる。フランスのレ島においても、島民たちによる「レ島石干見保存会」が活発な活動を展開しており、石干見の復元や修復、エコツアーの企画、資料館の整備などの主体となっている（Iwabuchi 2014）。こうしたなか、ユネスコの「水中文化遺産保護条約」が二〇〇九年に採択されると、石干見が国際法上は「水中文化遺産」となり、全く新しい潮流が始まった（岩淵 二〇一二）。石干見のある海辺の景色、海事文化景観あるいは海景、はいうに及ばず、石干見そのもの、さらには古い時代の石干見の痕跡も同条約の枠内に組み込まれることになったのである。ユネスコの「世界遺産条約」の適用を石干見が受ける可能性すら出てきている。こうした流れは、水中考古学者による新たな石干見調査の動きにもつながってきており、これまでに知られていなかったペルシャ湾岸の石干見（Nowakowska 2014）やアイルランドの事例（Montgomery *et al.* 2015）などが掘り起こされ始めている。

しかしながら、石干見を水中文化遺産あるいは貴重な過去の文化財であると認識するならば、石干見の修復や復元は国際基準にのっとって実施されなければならなくなる。これについては、イコモス（国際記念物遺跡会議）が採択

図４　三次元モデル

した、一九六四年の「ヴェニス憲章」と一九九四年の「オーセンティシティに関する奈良ドキュメント」が参考となる。要約するならば、島原半島の石干見という脈絡を使った表現に直すと、石干見とその管理の責任は地元にあり、石干見のたとえば石垣の石がどこまでオリジナルな状態を保っているのかというオーセンティシティの判断は、固定的な欧米流の評価基準ではなく、地元の文化に根ざした考慮が行われるべきということになる。もとより、島原半島外から搬入された石などを使って石垣の修復を実施しないということや、修復部分が明確となるような配慮、確実な歴史資料や映像資料などに基づくオーセンティシティに疑義が出ないような復元が求められる。こうした中で、復元して観光に利用する石干見と、できる限り修復は最小限にとどめて現状のままでの考古学的な保存を考える石干見とを分ける必要があるとも考えられる。三室のスキなどは、むしろ後者であろう。しかしながら、この場合でも、石干見の崩壊は日々着々と進行している。三次元画像計測を定期的に実施し、経年変化が記録可能な複数の三次元モデル（図４）を比較しながら、別途の現状維持を目途とした修復・復元計画を地元で立てていかなければならない。

参考文献

岩淵聡文（二〇一二）『文化遺産の眠る海――水中考古学入門』化学同人。

田和正孝（二〇一一）「石干見研究の可能性――回顧と展望」『関西学院史学』三八、二九―六二頁。

中尾勘悟（一九八九）『有明海の漁――中尾勘悟写真集』葦書房。

中山春男（二〇一四）「スクイ（石干見）に思いを馳せて」『石干見に集う――伝統漁法を守る人びと』関西学院大学出版会、六五―七九頁。

西村朝日太郎（一九六九）「漁具の生ける化石、石干見の法的諸関係」『比較法学』五、七三―一一六頁。

西村朝日太郎（二〇〇三）『海洋民族学論攷』岩田書院。

原　泰根（一九八三）「生産・生業」『吾妻町史』昭和堂、九〇七―九二四頁。

松尾司郎（二〇〇九）「宝暦三年、古部村・三室村境目に鯨が漂着」『みずほ史談』一三、二九―三六頁。

瑞穂町（一九八八）『瑞穂町誌』昭和堂。

藪内芳彦編（一九七八）『漁撈文化人類学の基本的文献資料とその補説的研究』風間書房。

李洪源・樋口秀太郎・松永信博（二〇〇九）「南風により諫早湾南岸で発生した低酸素水塊の湧昇」『土木学会論文集B二』六五、四〇六―四一〇頁。

BUTCHER, J. G. 2004. *The Closing of the Frontier : A History of the Marine Fisheries of Southeast Asia c. 1850-2000*. KITLV Press.

BOUCARD, J. 1984. *Les écluses à poissons dans l'île de Ré*. Rupella.

HADDON, A. C. 1912. *Reports of the Cambridge Anthropological Expedition to Torres Straits, vol. 4 : Arts and Crafts*. Cambridge University Press.

HORNELL, J. 1950. *Fishing in Many Waters*. Cambridge University Press.

IWABUCHI, A. 2014. Stone Tidal Weirs, Underwater Cultural Heritage or Not?. In : *Proc. of the 2nd Asia-Pacific Regional Conference of Underwater Cultural Heritage*, vol. 2. APCONF 2014, pp. 735-746.

JEFFERY, B. 2013. Reviving Community Spirit : Furthering the Sustainable, Historical and Economic Role of Fish Weir and Traps. *Journal of Maritime Archaeology* 8, pp. 29-57.

MONTGOMERY, P., FORSYTHE, W. and BREEN, C. 2015. Intertidal Fish Traps from Ireland : Some Recent Discoveries in Lough Swilly, C. Donegal. *Journal of Maritime Archaeology* 10, pp. 117-139.

NISHIMURA, A. 1964. Primitive Fishing Methods. In : *Ryukyuan Culture and Society*, ed. by A. Smith, University of Hawai'i Press, pp. 67-77.

NOWAKOWSKA, M. 2014, *Waterfront and Underwater Archaeology of the Coastal Zone around the Failaka Island, Kuwait.* Posters. IKUWA V.

2 石垣島白保と日本石干見サミット

上村 真仁

はじめに

世界的に貴重なサンゴ礁の海で知られる沖縄県石垣島白保。ここでは、地域住民有志によるサンゴ礁保全組織「白保魚湧く海保全協議会」と世界一〇〇カ国以上で活動する地球環境保全団体WWF（World Wide Fund for nature）が中心となり、伝統的定置漁具「海垣（インカチ）」（石干見の白保での呼称）を二〇〇六年に復元した。多様な人々が参加する地域を挙げての復元以来、子どもたちの自然体験、環境教育の場としてこの漁具を活用することで、様々な地域主体のサンゴ礁保全活動が生み出されている。

白保での海垣の復元は、関係者の様々な思いから始まった。復元を機に日本及び世界の沿岸域に暮らし、白保と同じように海と関わりの深い伝統的な暮らしの知恵や技を受け継ぐ地域との交流が始まったのである。日本石干見サミットや世界海垣サミットが、各地域のリレーによりこれまでに五回開催されている。

本稿では、石垣島白保の海垣復元に対する思いと〝ねらい〟を整理するとともに、過去五回のサミットにおいて白保から参加した報告者および報告内容の変遷から、サミットへの参加がサンゴ礁保全や地域活動にもたらした影響について考察したい。

筆者は、二〇〇四年一月、WWFサンゴ礁保護研究センター（以下、しらほサンゴ村と示す）に赴任するために白保に移住した。地域コミュニティ主体のサンゴ礁保全と持続可能な地域づくりを進めるためである。以来一二年三カ月の間、外部から来た専門家として、また白保コミュニティの一員として、サンゴ礁の保全やサンゴ礁資源を活用した村おこし活動に取り組んできた。その活動の一つが海垣の復元・活用である。

なお、筆者はしらほサンゴ村の職員として、また、白保魚湧く海保全協議会事務局長・理事としてこれまでの全ての石干見サミットに出席している。

一　白保の海垣及び復元の概要

本節では、白保における海垣の特徴とその復元の経緯を概観する。

沖縄県石垣島の東海岸に位置する白保は、南北約一二キロメートルのサンゴ礁の海に面し、隆起サンゴ礁のなだらかな平野部に広がる集落である。かつて沿岸の浅瀬に一〇数基構築[1]されていた海垣は、農家が自ら所有する農地の近くの海岸に一族で石垣を築き、農作業の合間に干潮時に合わせて海に下り、魚を捕ったものである（図1）。白保の海垣は、海岸にそれぞれ一つずつ半円形に築かれた「独立型」の石干見で、個人所有の形態で利用されていた。[2]干潮

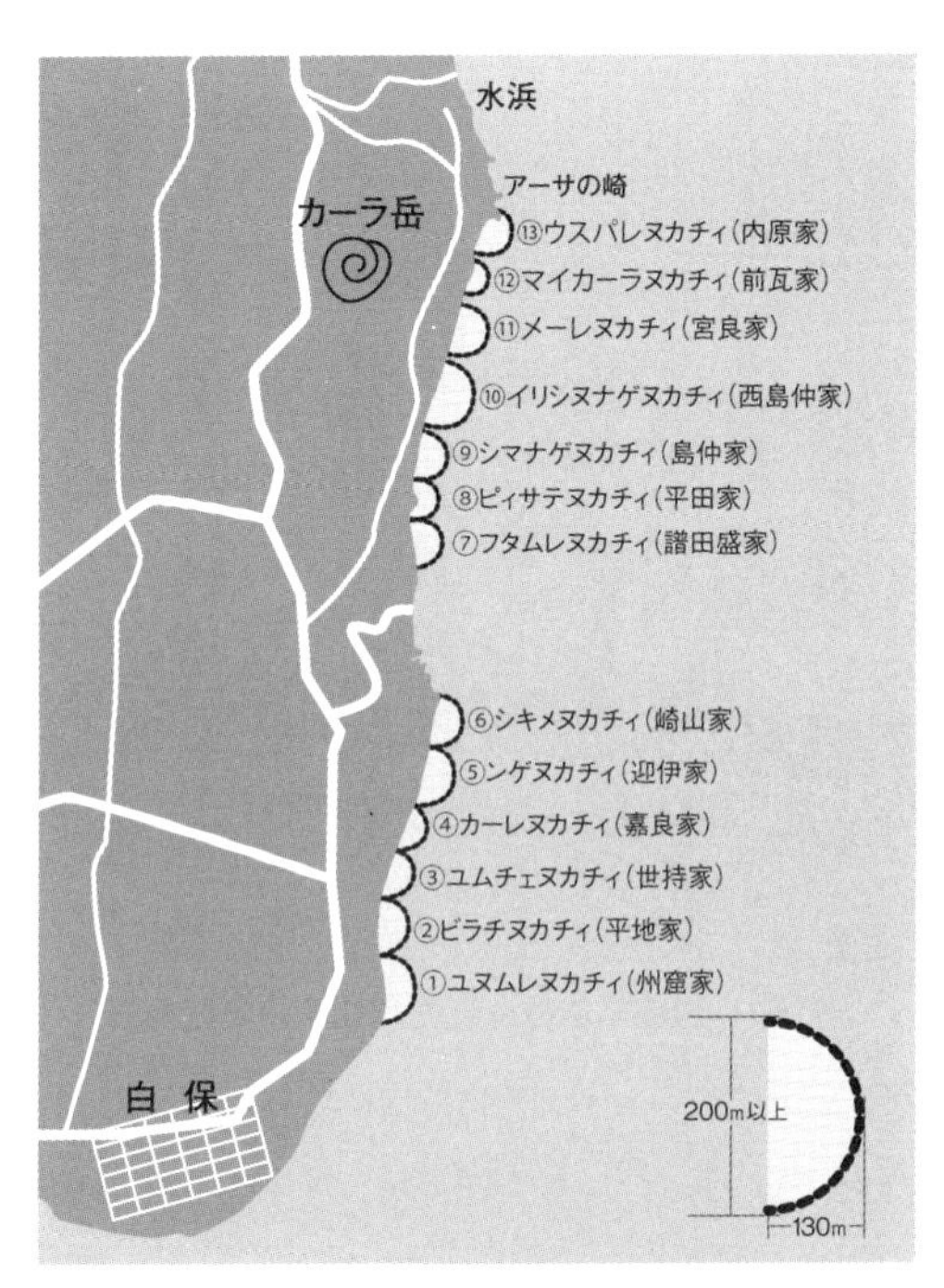

図1　白保の海域の分布と名称

出典：WWF 白保今昔展海域パネルより。

時に海垣に残る魚類は垣の所有者に捕獲の権利があったが、海藻や貝などの固着性資源は集落民の誰もが採集して良いこととされていた。一七七一年の明和の大津波以前から利用されていたと言い伝えられており、農家がおかずとりのために築き、長い歴史のなかで利用してきた漁具である。サンゴ礁の海の豊かな恵みをもたらすこの漁具は、半農半漁の暮らしを示すシンボルとして認識されていた。それぞれ、築造した一族の屋号と、垣という一般名称とを組み合わせて「〇〇のカチ」と呼ばれていた。しかし、戦後、専業の漁業者が他の島から移り住んだことや網の普及により、次第に廃れていった。放置された石積みは、市街地の埋め立てのために運び出されたという。そして、一九六〇年代後半に最後の一基が利用されなくなった。二〇〇五年に現地で確認したときには、海中にかすかな痕跡を残すのみであった。

写真1　白保竿原の海垣完成記念の集合写真

漁具としての利用価値がなくなり、放置され、忘れさられていた「海垣」がサンゴ礁保全活動のなかで注目され、復元されることになった。

二〇〇五年七月、白保魚湧く海保全協議会（以下、協議会と略記する）が、しらほサンゴ村の働きかけで設立された。この協議会が最初に取り組んだのが伝統的な定置漁具である海垣の復元であった。地域内の体制づくりや行政、漁協などとの調整を進め、二〇〇六年の一年間をかけて復元作業を行った[3]。白保で復元した海垣は、村人の住宅地が集まった居住域から北側に約二・五キロメートルの地点、竿原（ソーバリ）と呼ばれる海岸にある。トイヌカチ（多宇家の垣）もしくは、ンゲヌカチ（迎伊家の垣）のいずれかと考えられている。前掲図1にある海垣と名前が異なるのは、時代により使用者が代わったためである。浜から沖合に約一〇〇メートル、海岸に沿って南北に約二〇〇メートルを方形に結ぶようにして、高さ約九〇センチメートルの石垣を築いた。復元作業には、協議会メンバーに加えて、白保小学校、中学校の児童生徒とPTAが参加している（写真1）。また、WWFを通じて資金の支援を行ったアクセンチュア株式会社の社員による石積み作業も実施された。同社は、CSR（企業の社会的責任）の一環として、白保のサンゴ礁保全に対して寄附を行い、その一部が復元活動に充てられた。復元した海垣の名前は、協議会で管理することから個人名とせずに、白保竿原の垣とした。

二　白保竿原の垣復元の〝ねらい〟

白保竿原の垣復元には、様々な〝ねらい〟があった。しらほサンゴ村職員である筆者は、サンゴ礁保全活動への地域住民、特に農家の人々の参画を促すために海垣の復元が必要不可欠であると考えた。本節では、伝統的な定置漁具の復元がどのようにサンゴ礁保全活動につながっていったかを解説したい。

筆者がしらほサンゴ村に赴任した二〇〇四年、農地から海域への赤土の流出がサンゴが減少する要因の一つとして問題となっていた[4]。赤土流出を防止するためには農地を所有、管理している農家の協力が必要不可欠であった。当時進められていた対策は、圃場の端に月桃（ショウガ科の植物）を密に植え付けることによって赤土流出を防止するグリーンベルトを設置するというものであった。しかし、農家にとってグリーンベルトの設置は大きな負担であり、赤土対策への取り組みは進んでいなかった。また農家と話し合いを重ねるなかで、農家は日常的な海との関わりが薄いためにサンゴ礁保全の必要性をあまり感じていないことが、対策が進まない理由の一つであると気づいた。筆者にとって農家のこの反応は少なからぬ驚きを覚えるものであった。それはＷＷＦの活動として白保の人々の伝統的な海との関わりを聞き取り、展示パネルにまとめ次世代に継承する「白保今昔展」を開催する準備として聞き取りを行った六〇歳代、七〇歳代の村人が農家であっても、それぞれにサンゴ礁の恵みの体験談を語り、海への感謝の気持ちを口にしていたからだ。戦後の近代化による就業構造の変化（兼業農家の増加）や貨幣経済の浸透、交通、流通の発達は自給自足の生活を大きく変え、自ら海へ出て魚介類を捕る機会や必要性を減少させたのだ。さらに、一九七九年に持ち上がった新石垣空港建設問題のなかで、地域が賛成派と反対派で二分したことが、海とのつながりの希薄化を助長した。サンゴ礁の海への愛着を表明しにくい状況ができていたのだ。

筆者がこの漁具を知ったのは、農家、特に四〇歳代、五〇歳代の現役世代とともに海との関わりを再生する活動の機会を模索していた時であった。それは、二〇〇四年六月、前述した「白保今昔展」の一環としてしらほサンゴ村が開催した講演会「白保今昔展 海とともに生きる知恵——自然の恵みの賢い利用法——」である。本書の編者である田和正孝氏による「石干見（魚垣）の分布、そして保存・再生・活用」という講演のなかで、イノー（サンゴ礁の礁池）で行われた伝統的漁法として海垣が白保に存在していたことが紹介された。また、こうした漁具の構築の知識、海況に関する知識、漁獲、利用をめぐるしきたりの記録の重要性を強調するとともに、結果としてサンゴ礁（環境）の破壊を助長しないようにと注意した上で、新しい「石干見」の知識・文化として、「観光としての商品化」、「地元の環境学習の場としての活用」、「海の保全・サンゴ礁の保全のための石干見の活用」が提言された。

この講演をきっかけとして白保での海垣の聞き取りを始めた。その結果、農家の人々にとって海垣はサンゴ礁の海の恵みを得た楽しい記憶であることが明らかとなった。また、一九八九年にトヨタ財団の助成を受けて「魚垣の会」(5)が実施した「サンゴ礁文化圏の自然生活誌（八重山白保部落のイノーと暮らし）」のなかで、海垣の所有形態や構築の技術などについて詳しく調査されていることが分かった。魚垣の会の島村修会長からは、サンゴ礁保全のシンボルとして一九九〇年代の初頭に海垣の復元計画が持ち上がり、集落内で合意が図られていたことを教えていただいた。結局、その計画は新石垣空港の建設地が白保から別の集落へ移ったことで頓挫した。

農家をはじめとする地域の人々とサンゴ礁の海との関わりを再生することで、海へのオーナーシップの再獲得を促すために、白保の農家が所有し、サンゴ礁の恵みを利用した漁具としての海垣の復元を行うことを提案した。筆者

表1　過去の日本石干見サミットの概要

	名称	日程	参加数	主催	目的
1回	日本石干見サミット in 長洲	2008.3.21	国内3＋1資料参加	長洲アーバンデザイン会議（大分県宇佐市）	石ひび再生活動を盛り上げるため
2回	日本すけ漁サミット in 富江	2009.5.24	国内3	富江町観光協会（長崎県五島市）	すけ漁再生活動を盛り上げるため
3回	世界海垣サミット in 白保 〜里海(SATOUMI)づくりを目指して〜	2010.10.30〜11.1	海外6 国内6（内1地域ポスター参加）	白保魚湧く海保全協議会、WWFジャパン（沖縄県石垣市）	① 世界の人と海との良好な関係を再構築するヒントを得る ② 参加地域の友好親善を図る ③ 世界各地の沿岸域の暮らしと自然環境が豊かに調和する「里海（SATOUMI）」が広がること
4回	九州〜奄美〜沖縄・海垣サミット in 奄美	2013.3.23	国内8	奄美遺産活用実行委員会（鹿児島県奄美市）	① 文化資源（文化遺産）の観点から環境教育や観光資源としての活用、地域の活性化を支援すること ② 海と人との良好な関係を再構築する「里海」づくりを進め、参加地域間の友好親善を図ること ③ 奄美地域における文化遺産の保護継承及び観光振興・地域活性化の課題や課題解決の方法、その可能性等を探っていくこと
5回	九州・沖縄スクイサミット in 島原	2015.10.3〜4	国内8	みんなでスクイを造ろう会（長崎県島原市）	歴史的遺産を次世代へ貴重なスクイの保存・活用方法を共有し、方向性を見出すこと

資料：上村（2014）に加筆。

の海垣復元のねらいは、海への関わりが希薄化している地域住民が海の環境保全の当事者としての意識を高めることであった。しかし、協議会としては、多くの人々が参加しやすい目的を掲げ、「海とともにある持続的な地域づくりのシンボルとして、自然とともに生きて来た文化遺産である「海垣」を復元し、体験型環境・文化教育施設として活用する」こととした（上村二〇〇七）。

三　白保からの報告にみるサミットの意義

本節では、日本各地で開催された石干見サミットでの白保からの発表資料を元に、発表テーマ、発表者、参加者についてその変遷を整理することで、海垣復元・活用が進むなかで地域の人々の海垣への関わりがどのように変化してきたか、また、サミットが果たした役割について考察する。

表1に第一回サミットから第五回サミットまでの開催地及びテーマ、参加地域を整理した。回を重ねるごとに参加地域が広がり、海垣を取り巻くテーマが多様性を見せてきたことがわかる。みんなでスクイを造ろう会が第五回サミットの資料のなかに、「各サミットでは、それぞれの地域に密着した多様性、その地域ならではの活動・課題等、多面的・複合的に協議された。石干見は各地域の特性によって必ずしも同一歩調をとる必要はないが、石干見の活動を通して、豊かな里海づくり、住民参加による地域の連帯感、ひいては沿岸の環境保全等共通して取り組むべき課題は多い」と記したように、石干見にまつわる活動は多様である。これは地域の特性に応じた地域間の差異に基づく多様性を指すのみでなく、同一地域内においても多様な活用の可能性を有していることを意味している。

表2にそれぞれのサミットへの白保からの参加・発表の状況を整理した。この表を見ると、大分県宇佐市長洲で開催された第一回サミットには白保からは筆者が一人で出席している。しかし、二回目以降、白保からの参加者が増えていることがわかる。これはサミットを白保での海垣の維持・活用への地域の人々の関心を喚起するための機会と位置づけ、関係者の参加を促す努力をしたことによる。例えば、第一回サミットの場で第二回の開催が長崎県五島市富江町に引き継がれた。サミットが長洲、富江、白保の三地域でスタートしたことから第三回の開催を白保で引き継ぐためには、白保内での理解と協力が不可欠である。第二回の富江町には協議会副会長も出席して、第三回サミットの開催について他の二地域と協議し、サミットの場で開催地を引き継いだ。また、白保で開催した世界サミットでは、一日目の参加国・地域会議では協議会会長が発表を行なったが、二日目の公開での国際シンポジウムでは、海垣の復元・維持・活用の中心的な担い手であった白保中学校生徒会が発表することで地域の人々に海垣活用の意義を示すとともに、この活動を次世代につないでいくための機会となるよう配慮した。四回目、五回目では白保での取り組みについては協議会の事務局が報告し、筆者には、しらほサンゴ村の立場からサミットの経緯やその意義、継続の重要性

表 2　過去の日本石干見サミットにおける白保の発表内容

	発表タイトル	発表者	発表内容	参加者(名)
第 1 回 2008 年 大分	パネルディスカッション 「古式漁法“石干見”を語る！」への登壇	WWF サンゴ礁保護研究センター 上村真仁センター長 （白保魚湧く海保全協議会事務局長兼務）	● 白保の海垣の特徴 ● 復元のプロセス紹介 ● 海の生き物の状態を知ることと文化と自然を保全・継承することの重要性を提言	計 1 WWF1
第 2 回 2009 年 長崎	パネルディスカッション 「古式漁法“石干見”を語る！」への登壇	WWF サンゴ礁保護研究センター 上村真仁センター長（白保魚湧く海保全協議会事務局長兼務）	● 白保の海垣の特徴 ● 海垣が持つ多面的機能の紹介 ●「里海」の再生による生物多様性の保全への提言	計 2 協議会 副会長 1 WWF1
第 3 回 2010 年 沖縄	自保竿原の垣の復元と活用 ～その成果と課題～ （1 日目）	白保魚湧く海保全協議会 山城常和会長	● 白保の海垣とその復元の経緯 ● 海垣の活用（教育・体験・保全） ● 復元による資源増加について	計 181 公民館長 1
	白保中学校生徒会での海の保全に関する活動報告 （2 日目）	白保中学校生徒代表 宮良福木子、新里妃奈子、世持芹	● 海垣の修復と漁体験 ● 赤土流出防止対策によるサンゴ礁保全活動 ● シャコガイの放流とモニタリング活動	協議会長他 6 WWF4 中学 70 住民 100
第 4 回 2013 年 鹿児島	石垣島白保集落での海垣復元とサンゴ礁保全の取り組み	白保魚湧く海保全協議会 赤嶺真事務局長	● 白保の海垣とその復元の経緯 ● 海垣の活用（教育・体験・保全） ● サンゴ礁保全の取り組み	計 4 協議会理事
	“地域の海を地域で守る”ことの重要性 ～世界海垣サミットでの各地との交流を通して～	WWF サンゴ礁保護研究センター 上村真仁センター長	● 世界海垣サミット報告 ● SATOUMI 共同宣言について ● 地域コミュニティによる沿岸域管理里海づくりの提言	事務局長 2 WWF2
第 5 回 2015 年 長崎	石垣島白保集落での海垣復元とサンゴ礁保全の取り組み	白保魚湧く海保全協議会 赤嶺真事務局長 （特定非営利活動法人夏花事務局長）	● 海垣復元・活用の概要（教育・世代間交流・調査） ● 維持・活用の課題（観光利用の難しさ等）	
	地域の思いを繋ぐ“サミット” ～海垣と里海　世界との繋がりについて～	WWF サンゴ礁保護研究センター 上村真仁センター長	● サミット開催経緯と各回のテーマとその広がり ● 復元・活用の現代的な意味 ● 里海の象徴としての海垣 ● 沿岸環境保全・環境教育の場としての可能性評価 ● サミット開催の意義	計 4 協議会長 1 事務局長 1 WWF1 魚垣の会 副会長 1
	八重山・白保部落のイノーと暮らし	魚垣の会 石垣繁副会長	● 魚垣の会の設立経緯と研究概要 ● 海垣について ● 白保村の海垣の特徴	

注：上村は WWF サンゴ礁保護研究センター・センター長と白保魚湧く海保全協議会・事務局長（後半は理事）の兼務であったが、参加者数の欄には WWF として表記した。
資料：各回のサミット資料及び発表資料をもとに作成。

などを評価・提言する役割が主催者から与えられた。

白保からの発表内容については、海と暮らしの接点としての海垣の重要性を柱として、沿岸環境の保全や環境と調和した地域づくり、次世代の育成、エコツーリズムなどの地域活性化の場としての活用の可能性など、復元から時間が経過するなかで多様な活動の広がりが見られる。

このことからも、白保小学校、中学校の児童・生徒、PTAの協力を得て行った復元活動は、次世代を担う子どもたちの体験プログラムの提供に加えて、復元の中心的な担い手となった協議会の白保での地位を確固たるものとし、様々な活動を展開する契機となったことがわかる。またサミットで他地域の取り組みを学んだことで、活動の幅が広がってきた。しかし一方で、一〇年が経過し、復元に関わった協議会初代会長や石工の棟梁などが亡くなったことや熱心な教員の転勤など、復元に直接関わった人々が減ってゆくなかで、海垣の維持・活用が様々な課題に直面しているのも事実である。

まとめ

海垣復元の〝ねらい〟には、様々なものがある。復元に参加した人々の海垣や海に対する思いも多種多様である。海垣を維持・活用するなかで多様な地域の人々の思いが顕在化して、様々に活用の幅を広げてきたと言える。白保での復元作業の際、白保中学校の鈴木光次郎教諭が「皆さんが復元した海垣が一〇〇年後に文化遺産として指定されることを目指して、この漁具を復元し受け継いでいきましょう」と中学生を鼓舞した。このことが復元から一〇年経った二〇一五年の第五回九州・沖縄スクイサミットｉｎ島原で、大げさではないことがわかった。東京海洋大学大学院の岩淵聡文氏は、「石干見――ユネスコ世界文化遺産の可能性」のなかで、ユネスコの水中文化遺産保護条約により、少なくとも一〇〇年間水中にある文化遺産は水中文化遺産となることを紹介した。また、一〇〇年以上前から残る海垣は、韓国や台湾などに分布するものとあわせて東アジア石干見群としてユネスコ世界文化遺産に指定する価値があることを示した。この発表を受け、これまでサミットを開催してきた五つの地域（大分県宇佐市長洲、長崎県五島市富江町、沖縄県石垣市白保、鹿児島県奄美市、長崎県島原市）が中心となり、文化遺産登録の可能性を検討することとなった。今後、二巡目を迎える日本サミットの大きな目標となっている。この動きが白保での海垣の維持・活用に対する住民の関心の高まりにつながることが期待される。

今後、筆者も白保の海垣の保全・活用によるサンゴ礁文化の継承と、いつの日か世界文化遺産へ登録されることを目標として、サミット参加地域と協力しながら世界の国々と石干見ネットワークの構築に取り組んでいきたい。

謝辞

白保での海垣の復元は、ＷＷＦを通じてアクセンチュア株式会社の寄附を受けて実施された。同企業への提案では、白保での海垣復元を機に、海外にある類似の漁具を持つ地域とつながり、地域主体の沿岸域管理を広げる「世界海垣ネットワークの構築」を目標とした。その目標は、長洲アーバンデザイン会議に牽引されて日本石干見サミット（二〇〇八年）という形で動き出した。長崎県五島市富江町（二〇〇九年）に続き、二〇一〇年には里海づくりをテーマに世界サミットｉｎ白保を開催した。世界サミットの費用は、ＷＷＦを通じて住友生命保険相互会社、国際交流基金から提供いただいた。その後も日本サミットは続き、二〇一三年鹿児島県奄美市、二〇一五年長崎県島原市で開催された。

白保での海垣の復元・活用を中心的に牽引された故山城常和　白保魚湧く海保全協議会初代会長、復元・修復を指導した故大泊一夫棟梁はじめ、参加・協力・支援いただいた全ての皆さんに感謝の意を表します。また、現在の活用を担っている特定非営利活動法人夏花の皆さん、全てのサミットで講演いただき参加地域を導いた関西学院大学の田和正孝教授はじめ多くの研究者の皆さん、サミットをスタートさせ、文化遺産の検討をリードする長洲アーバンデザイン会議の皆さん、サミット開催地域及び参加地域の皆さんに重ねて感謝いたします。

引き続き、一緒にサミットを盛り上げていきましょう。

注

（1）一九八〇年代に行われた聞き取り（魚垣の会）の記録では、海垣が一三基分布していたが、二〇〇〇年に入り実施された白保村史取りまとめのための聞き取りでは一六基とされている。

（2）石垣繁（二〇一四）に詳しい。なお、石垣繁氏は、魚垣の会（注5）の副会長兼事務局長である。

（3）復元については、上村真仁（二〇〇七）に詳しく整理した。

（4）赤土問題とは、琉球列島特有の茶褐色の微細な粒子である土壌が、降雨時に水に溶け、海域に流れ出す問題である。海水と混じり沈降するためサンゴを窒息死させ、また、海底に堆積し、サンゴの幼生の着底を阻害するなどサンゴの減少の一因であるとされている。地球温暖化による海水の高水温によるサンゴの白化現象やサンゴを食べるオニヒトデの大発生などとともに、現在も続く問題としてその対策が課題となっている。

（5）魚垣(ナガキ)は海垣の沖縄での一般名称である。一九七九年に発表された白保サンゴ礁埋め立てによる新石垣空港建設計画が地域を分断する大きな問題となるなか、地元関係者が「魚垣の会」を組織し、サンゴ礁と白保の暮らしの関わりや自然についての調査活動を実施した。

参考文献

石垣　繁（二〇一四）「八重山・白保の「海垣」」、田和正孝編『石干見に集う』関西学院大学出版会、五三—五八頁。

上村真仁（二〇〇七）「石垣島白保「垣」再生——住民主体のサンゴ礁保全に向けて——」、地域研究（沖縄大学地域研究所）三、一七五—一八八頁。

上村真仁（二〇一一）「「里海」をキーワードとした生物多様性保全の可能性——世界海垣サミットin白保を通して——」、地域研究（沖縄大学地域研究所）八、一二五—一三七頁。

上村真仁（二〇一四）「日本石干見サミットの意義と可能性「石干見」再生・活用の多面的な価値の発見」、田和正孝編『石干見に集う』関西学院大学出版会。

WWFサンゴ礁保護研究センター「しらほサンゴ村」・白保魚湧く海保全協議会編（二〇一二）『二〇一〇世界海垣サミットin白保——里海（SATOUMI）づくりを目指して—— 報告書』WWFジャパン。

WWFジャパン（二〇〇四）「白保今昔展　海垣パネル」、WWFジャパン。

田和正孝（二〇一四）「石干見の分布と地方名」、田和正孝編『石干見に集う』関西学院大学出版会、八一—九五頁。

みんなでスクイを造ろう会（二〇一五）「第五回九州・沖縄スクイサミットin島原」、同会。

3　第五回九州・沖縄スクイサミット・in島原 報告

楠　大典

第五回九州・沖縄スクイサミット・in島原が、「歴史的遺産を次世代へ」をスローガンに二〇一五年一〇月三・四日の二日間、島原文化会館中ホールで開催された。延べ一五〇名が参加した。

一〇月三日（土）第一日

セレモニー

主催者を代表して「みんなでスクイを造ろう会」会長の楠大典が、九州・沖縄各地からの参加者各位に対して歓迎の言葉を述べた。また基調講演をいただく関西学院大学教授の田和正孝氏と東京海洋大学大学院教授の岩淵聡文氏への感謝の意を表した。

サミット成功のため、長崎県島原振興局および島原半島三市の支援と地元企業、団体、個人の多大なる支援に御礼を述べた。

開催地を代表して島原市長代理宮原教育長の挨拶と雲仙市長、南島原市長の紹介を行った。

来賓として長崎県濱本副知事、田代島原振興局長、故初代中山春男会長夫人中山陽子さんを紹介した。

続いて愛児保育園児による「島原の子守歌」の踊りが披露され、大きな拍手が寄せられた。

基調講演

田和正孝氏「石干見の文化遺産化」

田和氏は「沿岸漁場利用形態の地理学的研究」を主要な研究テーマとしている。海という環境に対応して漁業がどのように行われているのか、漁業者は漁場環境をどのように利用しているのか、そしてそこにはどのような海の利用に関わるしきたりが存在するのか、といった問題を小規模な漁業地域でのフィールドワークを通じて解明したいと考えている。近年の調査地はマレーシア、台湾、フィリピン、南西諸島などである。

岩淵聡文氏「ユネスコ世界文化遺産の可能性」

岩淵氏はイコモス国際水中文化遺産委員会・日本代表も務められている。人類が海洋環境に生態学的に適応するなかから生まれてきた「海洋文化」を研究する学問である海洋人類学、水中考古学、海事史、海洋芸術学を総合した複合領域としての海洋文化学の確立を希求している。

事例発表

赤嶺　真氏（沖縄県石垣市　白保魚湧く海保全協議会）「石垣島白保集落での海垣復元とサンゴ礁保全の取り組み」

世界最大級のアオサンゴ群集で知られる石垣島白保では昔からサンゴ礁の恵みを利用した「サンゴ礁文化」と暮らしがある。しかし、戦後、復帰後の近代化、都市化により海と人との関わりが希薄化し、環境に対する負荷も増大している。白保のサンゴ礁も二〇〇〇年から一〇年間で大きく減少している。

白保集落では二〇〇五年「白保魚湧く海保全協議会」を設立し、サンゴ礁の保全活用に取り組んできた。その最初の事業が海垣（インカチ）の復元である。明和の大津波（一七七一年）以前から存在していたという言い伝えがあるが、建築資材への転用や埋め立てによって跡形もなくなっていた。

現在、白保のサンゴ礁文化を維持・継承するシンボルとして海垣の復元・活用が進められている。前回の二〇一三年三月の奄美でのサミット以降、ＮＰＯ法人夏花（なっぱな）が設立された。同法人は、地域資源の保全と活用・活性化を目指しており、海垣を活用したツーリズムにも取り組んでいる。

上村真仁氏（WWFサンゴ礁保護研究センター（しらほサンゴ村））「海垣と里海――世界との繋がりについて――」

石垣島白保集落は農村でありながら海との関わり合いの深い集落で、伝統的なサンゴ礁文化を受け継いでいる。上村氏は過去四回のサミットにすべて出席している。第三回日本サミットを兼ねた「二〇一〇世界海垣サミットin白保」（七カ国一二地域が集まった国際イベント）を主催した立場から、石干見をめぐる世界と交流する可能性についても提言がなされた。

久　伸博氏（鹿児島県奄美市教育委員会）「奄美大島・笠利町手花部の『シュガキ（潮垣）』」

奄美大島は旧本土と沖縄との中間に位置し、地理的、歴史的経緯・要因から独特の文化を形成してきた。奄美では集落のことを「シマ」と呼んでいる。多くのシマは前方が海に面しており、海とシマは生活や文化に深くかかわっている。

奄美市笠利町手花部集落は東シナ海側に面した位置にあり、半円形のシュガキの跡が残っている。この漁は江戸時代から続けられてきたものである。二〇〇九年に奄美市紡ぐきょらの郷づくり事業（補助事業）を導入して、シュガキの復元に取り組み、子供会や育成会によって維持管理・保存を続けてきた。しかし、少子高齢化で保存継承が難しくなっている。

嶌田久生氏（大分県宇佐市　長洲アーバンデザイン会議）「長洲アーバンデザイン会議、事業活動と経過」

長洲アーバンデザイン会議は、一九九〇（平成二）年に会員二二名で発足した。一九九八（平成一〇）年九月には

第一回ビーチクリーンアップｉｎ長洲を開催した。その後、二〇〇四（平成一六）年一〇月に宇佐市立長洲中学校の総合学習において地元にかつてあった「石ひび」について学ぶ機会を設け、「海に学ぼう長洲の今と昔」を開始した。翌二〇〇五（平成一七）年一〇月には、長洲中学校の総合学習の一環として、かつての石ひび跡のひとつである「宮ひび」を測量し、その後、この宮ひびの石積みを復元するにいたった。

二〇〇九（平成二一）年六月には、ＮＨＫ週刊子供ニュースに長洲の「観光石ひび」が取り上げられた。二〇一五（平成二七）年六月には、これまでの活動が評価され、一般社団法人全国海岸協会より「海岸功労者表彰」を受賞した。

田中　亨氏（五島市富江町　富江町観光協会）「すけ漁（スクイ）等の体験学習と観光客（交流人口）の誘致」

観光客の誘致目的として二〇〇一（平成一三）年から二〇〇三年にかけて、すけ漁（スクイ）を復元した。これにより、修学旅行や体験学習の充実をはかった。魚釣りや灰ダコ漁なども含め、また、魚を調理し食べる楽しみを体験できるように配慮してきた。他方、自然環境の保全とすけ漁の役割の伝承も続けている。

石垣　繁氏（沖縄県石垣市大川「魚垣の会」）「八重山・白保部落のイノーと暮らし」

「魚垣の会」はトヨタ財団第五回コンクール〝身近な環境を見つめよう〟（一九八八年）に応募して、「サンゴ礁文化圏自然生活誌――八重山・白保集落のイノーと暮らし――」について研究を進めてきた。それをふまえて、①白保の位置と歴史、②白保の地名、③研究の対象範囲・観点・調査などの設定理由、④研究対象区域の現状と特徴、⑤研究体制、などについて報告がなされた。

松村和啓氏（島原市役所農林水産課）「スクイを活用したアマモ増殖の取り組みについて」

島原市は長崎県の南東部に位置し、有明海に面している。有明海は干満差が大きく、干潮時には広大な干潟が広がる。本市では、栄養塩にとみ、潮流が速い環境を利用してノリ、ワカメ、コンブ養殖がおこなわれてきた。

過去には、広大な干潟に多くのアマモが自生していたが、それらは近年、大幅に減少している。アマモは魚介類の産卵や稚魚の隠れ場の機能を有する。このアマモの重要性に着目し、長崎県の支援をうけて、市当局、みんなでスクイを造ろう会と地元漁業者が協力して、スクイの中でアマモを増やす取り組みをしている。

楠　大典（長崎県島原市「みんなでスクイを造ろう会」）「島原半島の歴史・風土に根ざしたスクイの保全・継承と活用――豊かな里海づくりを目指し、将来世代にどう継承していくか――」

有明海沿岸には、干満の差を利用し、一七〇〇～一八〇〇年代、多くのスクイ（石干見）を有していた。全国的に稀有な存在であった。保全のための経費負担がかなわないことや沿岸漁業の変化によって、スクイは一九〇〇年代から漸減し、現在三基の跡を残すのみとなっている。

我々は貴重な歴史的遺産を将来にわたって保存していく責任がある。スクイのより良い保全が、結果として「豊かな海づくり」に繋がり、たとえ小さな営みであっても有明海の再生に資するものと確信する。このことをふまえて、①市民参加のスクイ祭りの開催（漁協と連携）、②スクイの修復・レクリエーションの実施、③島原市少年スクイ友の会（主に小中学生）によるスクイ周辺の動植物の生態調査、④スクイ周辺の環境整備（長崎県および島原市と連携）、⑤島原市主催によるスクイ内外のアマモ植栽への全面協力（島原市および島原漁協への協力）、⑥スクイの歴史学習、⑦スクイをベースにした諸活動の実施（スケッチ大会、中秋の名月鑑賞会（句会・懇親会）など）、について報告した。

今後の課題としては、①風水害によるスクイの破損の修理と費用の捻出をいかにするか、②スクイをツールとした地域的・人的ネットワークをどう考えてゆくか、③スクイをグローバルな視点からとらえた場合、今後どのようなことを想定すべきか、の三点をあげることができる。

第一日に予定された日程はすべて終了し、懇親会場を「そば幸」にかえて、地元のコーラスグループ「よいどーれ」によるハーモニーが披露された。続いて島原城七万石に由来する「七万石おどり」が披露され、大きな喝采を浴びた。席上、サミットに参加した大分県宇佐市役所の女性職員から「第五回サミットに参加した団体で、スクイの水中世界遺産をめざすフォーラムを組織しよう」との提案があり、これを全会一致で決定した。

一〇月四日（日）第二日

現地視察

スクイおよびスクイに関係する遺構を中心にして、①布津町のスキ、②島原市のスクイ、③島原市有明町のボラ塚、④雲仙市吾妻町のスクイ、の四カ所を現地視察した。

二日間のすべての日程が終了し、参加者はそれぞれ故郷に向かって足早に出発された。二年後のサミットは、サミットが最初に開催された地、大分県宇佐市に戻ることになった。それまで各地元それぞれが頑張っていきましょう。石干見の世界文化遺産選定を目指して！

解説

4　開口型の石干見
その技術と漁業活動

田和　正孝

はじめに

石干見の形状は、一般的には馬蹄形、半円形、方形であった。海岸の地形や潮流、潮位差に応じて、また大量の漁獲を見込めるよう、さらには風波による損壊を最小限に抑えるために工夫されたことなどの結果といえるであろう。しかし、このような一般的な形状にとどまらない多様な形状の石干見が存在する。そのひとつとして、沖側の石積みを連続して構築しない形の石干見がある。ここではこのような形態の石干見を「開口型の石干見」と呼ぶことにする。

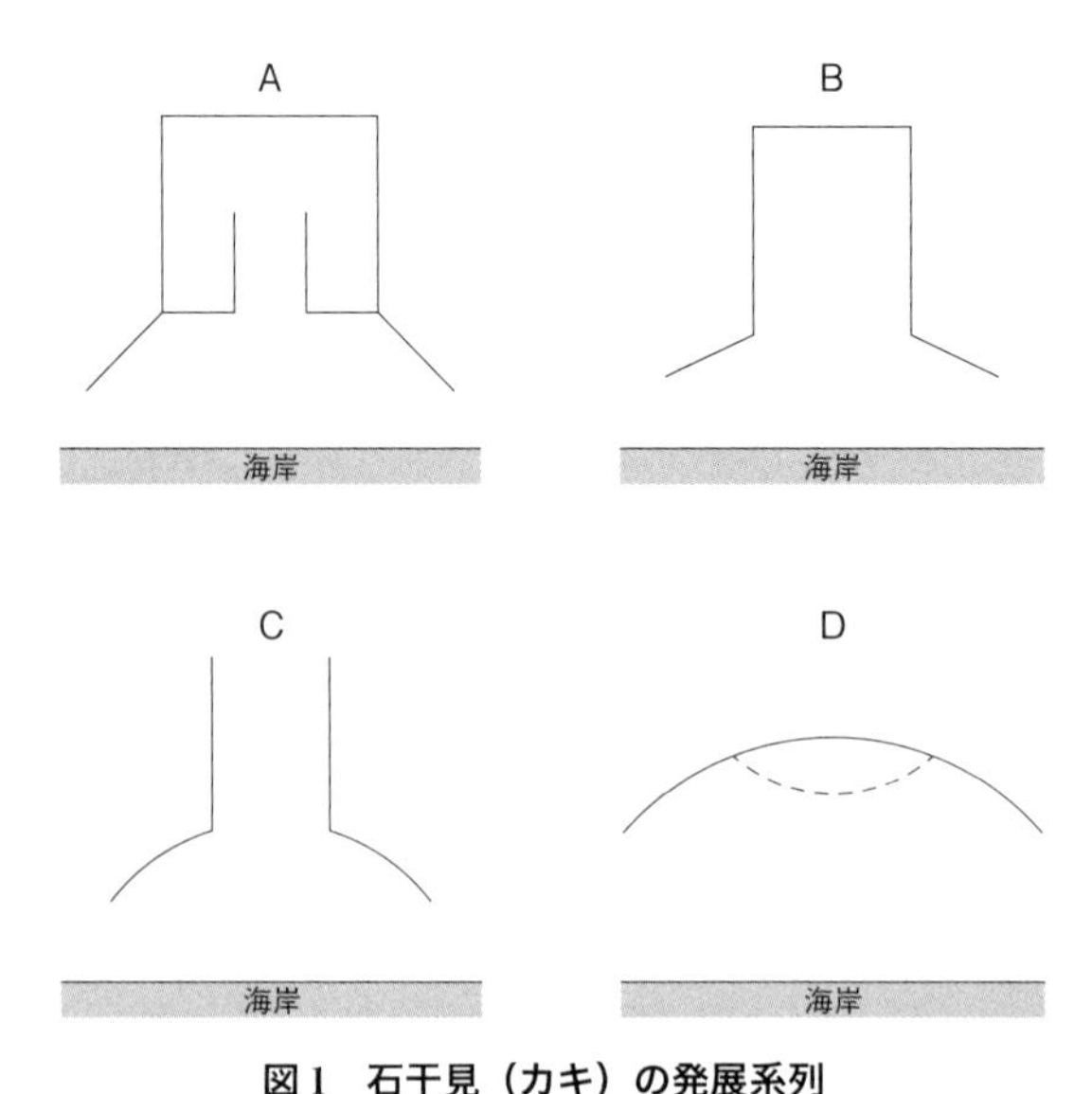

図1　石干見（カキ）の発展系列
西村（1979）を一部改変（田和編（2002）による）。

石干見の形態を発生史的連関のなかに定位し、体系的に論じたのは、石干見研究の第一人者であった西村朝日太郎である。西村（一九七九）は、沖縄に存在する石干見を形態学的な視点にたって分類した。それによると、図1のように、四つの類型に分けることができる。Dは冒頭で記したような基本形の石干見ということになる。Cは捕魚部が開口しており、潮流と共に沖へと出てゆく魚を開口部の外側に網を入れて捕獲する。Cの漁獲効率は次に述べるBに比べると悪いという。Bは沖側に魚を誘導し捕捉する捕魚部が設けられているもので、この部分へ導かれた魚を、退潮の頃合いを見計らい、小型の網を設えて漁獲する。Aは捕魚部がもっとも発達したタイプである。Bとは異なり、いったん捕魚部に入った魚がここから外へ逃げ出しにくくするための「かえし」にあたる石積みが設けられている。石干見は、段階的に見ると、基本的にはDからAへと発展してきたといえる（田和 二〇〇二）。

これまでの筆者自身の文献調査や石干見が存在する（かつて存在した）地域での聞き取り調査を通じて、九州、沖縄の各地に開口型の石干見が設けられている（設けられていた）ことが明らかとなってきた。開口型といってもその構造は必ずしも画一的ではないこともわかってきた。ただし、開口型の石干見については、八重山諸島の石干見を考察した喜舎場永珣（一九三四）の論考をさきがけとし、奄美大島において石干見を調査した小野重朗（一九七三）と水野紀一（一九八〇、二〇〇二、二〇〇七）が、論文中でわずかにふれているのみである。沖縄のサンゴ礁海域における多様な伝統漁法を分析した武田（一九九四）も石干見（魚垣、あるいはカチと呼ぶ）にふれているものの、カチのなかには最先端部が二メートルほど開いているものもあれば閉じているものもある、と指摘するにとどまる。

小論では、以上のことをふまえて、各地の開口型の石干見の大きさと形状、使用される補助漁具、漁獲対象などについて考察したい。石干見の形態論を検討することや、漁業技術に関する基礎的な研究の蓄積が依然として必要と考えるからである。なお、主として依拠する資料類は、各地の自治体史、民俗誌の記述内容および筆者が現地調査で得た情報である。

一　北九州の開口型の石干見

(1)　大分県宇佐市長洲の石干見

周防灘に面する大分県宇佐市長洲は豊前海（周防灘）を漁場とする小型底曳網、刺網が営まれる漁業地区である。沿岸部には二〜三メートルの潮位差のある干潟が広がっている。かつて、駅館（やっかん）川の河口右岸に立地する長洲漁港から東に続く長洲海岸まで二キロメートルにわたって石干見が築かれていた。地元では石干見をヒビと呼んだ。昭和一〇

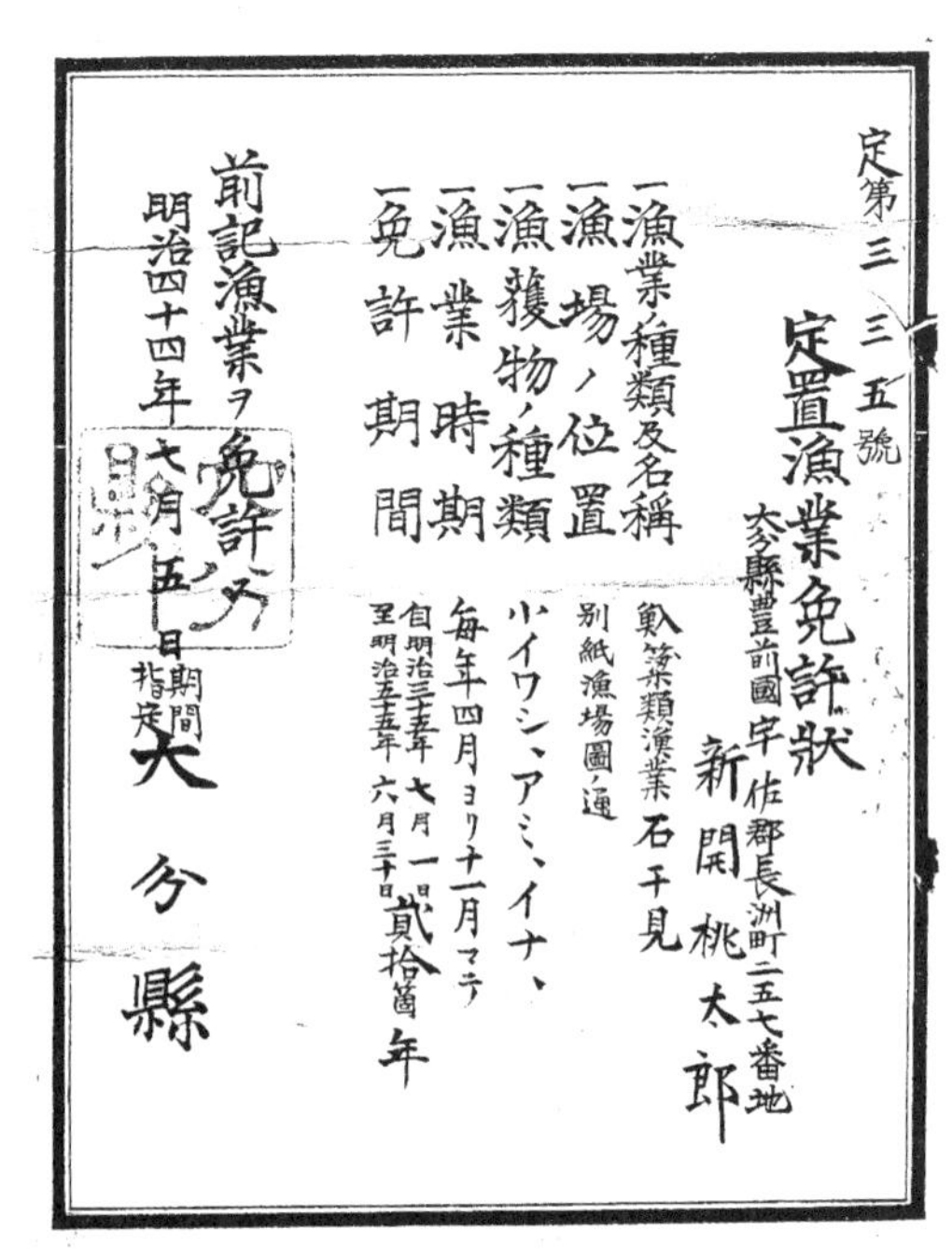
定第三三五號

定置漁業免許狀

大分縣豊前國宇佐郡長洲町二五七番地
新開桃太郎

一漁業種類及名稱　魞簗類漁業 石干見
一漁場ノ位置　別紙漁場圖ノ通
一漁獲物ノ種類　小イワシ、アミ、イナ、
一漁業時期　毎年四月ヨリ十一月マデ
一免許期間　自明治三十五年七月一日 至明治五十五年六月三十日 貳拾箇年

前記漁業ヲ免許ス
明治四十四年七月五日 期間指定
大分縣

写真1　石干見の定置漁業免許状
写真提供：嶌田久生氏。

年代には七基（兵作ヒビ、国ヒビ、宮ヒビ、長ヒビ、ヒビ、角兵ヒビ、女ヒビ）のヒビがあった。これらのうちの五基（兵作ヒビ、宮ヒビ、長ヒビ、角兵ヒビ、女ヒビ）は、昭和三〇年代まで実際に漁に使用されていたという。イワシ、ボラ類、カレイ類、クロダイ、コチなどがとれた。

一九一一（明治四四）年に発行された宮ヒビの定置漁業免許状が残っている（写真1）。これによると、宮ヒビの所有者は当時、長洲町に在住していた新開桃太郎という人物であった。漁獲対象は小イワシ、アミ、イナ（ボラの若魚）であり、漁期は四月より一一月までの期間であった。免許期間は「自 明治三十五年七月一日至 明治五十五年六月三十日 貳拾箇年」とあることから、少なくとも本免許状が更新されるより九年前の一九〇二（明治三五）年には石干見が存在していたことが明らかである。

二〇〇七年にかつて女ヒビを使用していた桃

写真2　筆者の聞き取りに応じる久保清幸氏（左）と桃田義行氏
2007年12月撮影。

田義行氏（一九三一年生）[1]と、新開家が所有していた宮ヒビおよび長ヒビで加勢した経験のある久保清幸氏（一九二五年生）[2]に、ヒビに関する聞き取りをした（写真2）。その時得られた内容から、昭和三〇年代当時のヒビ漁について振り返ってみよう。

ヒビに使用する石材の多くは、駅館川の河口から約二・五キロメートル上流にある江島付近の河原で採取された。これらを伝馬船にのせて川を下り、満潮時、ヒビを築くための目印として海底にあらかじめ杭を打っておいたところまで運び、石を海中に放り込んだ。干潮時に干出したこれらの石を積んでヒビを造った。基底部には強い潮流や波浪に対するために、ナーゲイシ（長い石）を積んだ。外側には丸石を積み上げた。石積みの高さは約〇・七〜一メートル、長さは三〇〇〜六〇〇メートルにおよんだ。ヒビにカキやジンガサガイ（カサガイの仲間）が着生するようになると、石が互いに固着され、ヒビ自体がしっかりした。

形態は、おおよそ半円形で、沖側の中央部は三〜四メートルの幅をもって開口していた。この部分はヤドグチ（宿口）と呼ばれた。退潮時、山から採取してきた松の生木の杭をヤ

写真3　長洲漁港の近くに復元された「観光ヒビ」
中央部にヤドグチが設けられている。

ドグチ近くの石積みの間および海底に打ち込み、ここにヤドアミあるいはウケアミと呼ばれる袋網を装着して、沖へ出ようとする魚群をとった（写真3）。主たる漁獲対象はアミあるいはアミエビ（標準和名　アキアミ）であった。

農業従事者がヒビを所有することが多かった。漁によい潮時になると、田や畑での作業を休止し、堤防にあがってヒビを眺め、漁獲が見込めるか否かを判断した。長洲では田の世話をすることをテーモリ（田守り）といったが、この言葉をヒビ漁にも用い、漁業活動を「ヒビのテーモリ」、漁をすることを「テーモリする」などと表現したという。

アミの漁期は、これが接岸する一〇月中旬から一一月が中心であった。漁期はちょうど稲刈りが終わって農閑期とも重なった。ヒビでは沖で操業する船曳網が漁獲するアミに比べて、小さ目で柔らかく美味なアミが獲れた。操業は基本的には潮がよく引く日の昼間であった。冬場は、夜の潮（オソシオ）はあまり引かないので、昼の潮（アサシオ）の間に限られたのである。

一〇、一一月頃は水温が低下し、日によっては降霜があるくらいに気温が低下することもあり、ヒビ漁は操業する者にとって厳しい仕事であった。また、アミは、海水に濁りが見られる方がよく獲れたという。したがって雨が降り、雨水が川から海へ注ぎ込む時がよかった。

漁をする際には、岸側からヒビの石積みの上を歩いてヤドグチまで行った。そこで衣服を脱いで海につかり、ヤドアミを杭にくくりつけた。網を敷設してから二〇～三〇分間、石積みの上で待機した。アミが入網すると網全体の色が変わったという。その具合を見守ったのである。ヤドグチでは潮の流れが速く、まるで滝のようになることもあった。漁獲があると、シオがまだ引ききらないうちに、紐で結わえてあるヤドアミの末端部分をほどき、入網しているアミをかごに移した。これを海岸まで運び、馬車を利用して仲買人のところまで持って行った。桃田氏は一度の漁で約二〇〇貫（七五〇キログラム）を水揚げしたことがあったという。コノシロやサッパの群れがアミを捕食するためにヒビに入ることもあった。なお、どこのヒビにもウナギをとるためのウナギグラあるいはウナグラと呼ばれる石積みを二、三基は設けていたことも付記しておく。ウナギグラの周りに網を巻いたのちに石を除けてゆき、石積み内に潜んでいるウナギを捕獲した。除けた石はすぐそばに再び積んだ。ウナギグラの併置は、駅館川河口近くに構築された長洲の石干見の一特徴を示すものであったといえる。

ヒビは冬から春にかけては使用されなかった。この間、時化によって崩れることもあった。修復は春先におこなわれた。

アミは干ものあるいは塩辛に加工された。商品は日田や玖珠の行商人が買いに来た。もちろん自給的にも利用された。「アミがなければ稲刈りができん」というように、アミの塩辛は農地での食事には欠かせなかったという。

一九五〇年頃から県がヒビの漁業権を買い上げはじめた。一九六〇（昭和三五）年、六一（昭和三六）年頃からはノリ養殖が開始された。ノリ養殖場は沖側に設けられたため、ヒビ漁場とは直接競合しなかったものの、ヒビ自体はそのまま放置されたことから、崩壊は進んだ。また、釣り餌としてイワムシやゴカイを採取する業者が来て、ヒビの石積みをひっくり返してこれらを採捕したことも、ヒビが崩壊する原因のひとつとなった。

(2) 佐賀県鹿島市嘉瀬浦の石干見（イシアバ）

有明海沿岸の佐賀県鹿島市七浦海岸は、多良岳山麓から流れ出るいくつもの小河川が有明海に土砂を運び、これが埋積して広大な干潟となっている。この海岸沿いの音成と嘉瀬浦にはかつて石干見があった。この地方では石干見はイシアバ（石網場）ないしは単にアバと呼ばれた。

鹿島市は、一九七六（昭和五一）年の八月と九月に市街地を流れる中川および塩田川などが氾濫し、大水害に襲われた。その後、河川改修が施され、上流から流れてきた大量の岩石や河床に堆積した土砂が取り除かれた。これらの土砂は、七浦海岸の大宮田尾、音成、嘉瀬浦、竜宿浦、江福の海岸の埋め立てに利用された。イシアバは、この埋め立てによってすべて姿を消してしまった（七浦学校同窓会編　一九九二）。

以下では筆者自身の若干のエピソードを交え、嘉瀬浦の石干見について記してみよう。

嘉瀬浦の石干見の写真二枚を、藪内芳彦が編著『漁撈文化人類学の基本的文献資料とその補説的研究』（一九七八）のなかの「泥橇と石干見（イシヒビ）」という章に収めている。写真には「有明海の石干見。佐賀県鹿児市（鹿島市の誤り　筆者注）嘉瀬浦」と説明があり、藪内の教え子であった相澤昴が一九六九年に撮影したとの記載もあった。筆者は、石干見の遠望と海岸から石積みの一部を写したこれらの写真を繰り返し目にはしていたものの、有明海における石干見の分布域が佐賀県にも広がっていたことくらいにしか目を留めていなかった。

二〇一一年春、岸和田市の藪内家を訪ね、藪内が遺した記録写真を見る機会を得た。そのなかで一風変わった石干見の二枚の写真を見つけた。それらは開口型の石干見で、開口部には内側に向かって数メートルの牙状の石積みが二

写真 4　鹿島市嘉瀬浦にあったイシアバ（1）

撮影時期は 1960 年代後半。撮影者は藪内芳彦氏（写真提供：藪内成泰氏）。

写真 5　鹿島市嘉瀬浦にあったイシアバ（2）

撮影時期は 1960 年代後半。撮影者は藪内芳彦氏（写真提供：藪内成泰氏）。

本設けられていた。また写真の裏側には藪内自身の鉛筆書きの文字で「嘉瀬ノ浦」とのメモが残されていた（写真4・5）。そこで同年八月、有明海では珍しい開口型の石干見について情報を得るために鹿島へ出かけた。

鹿島での聞き取りによると、嘉瀬浦にある鹿島市立七浦公民館が建つすぐ前の埋立地に、イシアバがかつて三基存在したことがわかった。地元の兼業農家であった栗田新一氏（一八八七年生）が所有する「シンオンチャンのアバ」がそのうちの一基であった。栗田氏の孫にあたる増田好人氏（一九四八年生）にイシアバについて話を聞くことができた。増田氏は子供の頃、栗田氏に連れられてよくイシアバに出かけたという。この地では昭和三〇年代の中頃、漁船は櫓漕ぎから動力船へと変わっていった。これに伴う漁港の整備の際、イシアバは邪魔になるということで撤去する問題が起こった。この時には栗田氏はこれを拒んだ。しかしその後、前述したように海岸が埋め立てられることになった。イシアバの消滅は如何ともしがたかった。

栗田氏のイシアバは主としてアミ類を獲る開口型の石干見であった。沖合側の開口部の幅は約一メートルで、退潮時、ここにマチアミ[3]と呼ぶ網長約三メートルの目合の細かい袋網を敷設した（写真6）。漁はタカシオ（大潮）の時がよかった。カラマ（小潮）の時には潮に勢いがなく、漁獲は見込めなかった。

潮が引きはじめると石積みの上部が干出してくる。すると、マチアミを携えて、海岸から石積みの上を歩いて沖側の開口部まで行った。竹竿を石積みの間に斜めに据えて、そこにマチアミを敷設した。漁獲があると、紐で結わえてある網の末端部分をほどき、獲れたアミをかごに移した。

アミは八月から一一月頃にかけてとれた。マアミとゴアミと呼ばれる二種類があった。大きめのマアミは味がよく、アミツケ（塩辛）にした。小さなサイズのゴアミは煮つけ、アミツケ、干しアミとして利用するほか、大漁時には畑の肥料にも利用した。七浦にはなくてはならない肥料でもあった[4]。サッパ（地方名はハダラ）やシラウオ、ハゼ類、ハクラ（スズキの幼魚）、ボラ、メナダ[5]も混獲された。大きな魚は、退潮時、イシアバを飛び跳ねて沖に逃げ

写真６　イシアバで使用された袋網マチアミ
2011年８月撮影。

ることもあった。マチアミは漁が終われば取り外し、自宅に持って帰って洗ったのち網干しをした。
なお、イシアバにはカキが多く固着した。イシアバにつくカキはサイズが大きかったという。そのため集落の女性がおかず取りにカキ打ちにでかけてくることもあった。イシアバの所有者は、この採取については黙認した。また、イシアバのなかにはアゲマキガイも多くいた。増田氏は、子供の頃、夏休みにこれを採取して業者に売り、小遣い稼ぎをしたこともあったという。

二　奄美群島の開口型の石干見

(1)　奄美大島の石干見

奄美大島北部の笠利湾周辺および南部の大島海峡沿岸と加計呂麻島沿岸にはかつて多くの石干見があった。昭和四〇年代初頭に奄美の石干見（カキ）を調査した小野重朗によれば、旧笠利町（現在は奄美市）、龍郷町、名瀬市（現在は奄

表1　1960年代および1980年代の瀬戸内町における集落ごとのカキの数

集落名	小野（1973） 調査年：1965年頃	水野（2002） 調査年：1985年
嘉鉄（含：清水）	2	1
蘇刈	3	3
伊須	2	1
節子	1	1
木慈	1	1
瀬相	—	1
押角	2	2
勝能	1	1
諸数	2	3
生間	1	2
渡連（含：安脚場）	3	3
諸鈍	1	—
徳浜	—	1
計	19	20

小野（1973）および水野（2002）より作成。

美市）の海岸部に計二三基、南部の瀬戸内町の海岸部に計一九基のカキがあった。とはいえ、それらのほとんどは当時すでに姿をとどめないか、残っていたとしても積み石が崩れていた。石自体が土木工事用に持ち出されたところも多かった。実際に使用されていたカキは、龍郷村瀬留（せどめ）にある一基、同村垣ノ浦の一基、瀬戸内町木慈の一基、同町押角（おしかく）の二基、同町勝能（かつよし）の二基の計七基にすぎなかった（小野 一九七三）。一九六八年に奄美群島において石干見漁撈の調査を実施した水野紀一は、小野の報告を引用し、北部には小野がいう二三基のカキ以外に六基があり（当時すでに消滅していたが、古老の記憶に残っていた数基を含む）、それらを加えて計二九基が存在したことを明らかにしている（水野 一九八〇）。水野は一九七九年と一九八五年にも瀬戸内町において石干見に関する調査を実施し、本町のカキの数について報告している（水野 二〇〇二）。表1は小野と水野がそれぞれ聞き取り調査によって得た瀬戸内町の集落ごとのカキの数をまとめたものである。

水野（一九八〇）は、奄美の石干見（カキ）には構造上三つの類型があると指摘する。それらは、①連続した曲線状の石積みによるもの、②捕魚行為の効果を高めるために曲線状のカキの本体からL字状の石積みを内側に敷設したもの、③カキ内部の海水が流出する中心部にあたる地点の石積みを数メートルにわたって開口し、海水の流出口をつくり、そこに竹簀を建てて仕切る構造をもつもの、の三つである。このうち①が最も一般的、かつ原初的であり、②、③の類型は①から発展したものであろうとしている。

③が開口型のカキにあたる。この形態のカキは数基みられた。龍郷町瀬留にあった玉ン浦ノカキは、小野が調査した当時には使用されていた。全長は一五〇メートル、形態は直線に近い弧状で、正面中央に約四メートルの開口部が設けられていた。古くからこの形状であったという。漁期には開口部にハジャと呼ぶ漏斗状になった簀子型の竹垣をたて、さらにその中央の出口部分にアネョフと呼ぶ竹を編んで作った円筒形の筌を固定した。開口部には常設の杭が打たれ、水底には溝が掘られており、満潮時、そこにハジャを敷設した（水野 一九八〇）。退潮時、開口部近くにいた魚群がハジャに寄せ集められ、アネョフに入り込んだ。漁業者が干潮時に見回り、アネョフのなかに入った魚を集めればよかった。カキの内部にいる魚群を、サデ網を使用して捕獲することもあった。ハジャとアネョフは、この地方の河川において使用される、降河するヤマガニやウナギをとる仕掛けと全く同じ構造であったという。小野（一九七三）は、このことに注目し、開口型のカキについて、カキの本来の漁法に川などの筌の漁法を添加したものであると考えた。

筆者は二〇一三年三月および二〇一六年三月に奄美大島を訪れ、龍郷町瀬留のカキを確認した。現在一基の石積み跡が残るだけである。これは高さ二〇～五〇センチメートル程度に積まれた弧状のカキで、現在では魚とりはおこなわれていない（写真7）。海岸の道路脇にはこのカキに対して、「平家漁法跡」という説明板が掲げられている。かつてあった開口型のものは海岸の埋め立てや護岸工事に伴って消滅した。

旧名瀬市の市街地から近い山羊島にもかつてはカキがあった。小野の調査当時にはすでに埋め立てられてしまっ

写真7　奄美大島龍郷町瀬留のカキ
2013年3月撮影。

ていたが、このカキも石積みの中央部に隙間を設けてあり、そこに袋状の網を張って魚をとった（小野 一九七三）。水野（二〇〇二）は、瀬戸内町押角にあった二基のカキのうちウフガキと呼ばれたものは中央部が開口しており、ここに網を張って魚をとったと記述している。同町伊須の崎原（さきばる）島にあったカキ（カクィ）にも石積みの中央部に幅五メートルにおよぶ開口部が設けられていた。これをクツィと呼んだ。高さは一メートル弱であった。ここにサデ（サディ）網を張って魚をとったという。

(2) 徳之島の石干見

島の東部、徳之島町の母間（ぼま）にある池間集落に、イシガキゴモイと呼ばれる石積み漁法が昭和三〇年代まで存在していた。松山（二〇〇四）は一九七〇年代に地元でこの漁法について聞き取りをしている(6)。イシガキゴモイは、遠浅のサンゴ礁の干瀬に石垣のコモイ（囲い）を築き、干満差を利用してコモイのなかに閉じ込められた魚をとるものである。コモイを構築する場所は、同じ家によって先祖代々受け継がれてきた。石垣は一度積めばそう簡単に動くことはないので、それが同時に区画の目印になったという。

石垣は浜辺を基点に沖の方へ向かって半円を描くように積み、その頂点の部分にアロと呼ばれる竹製の生簀を埋め込んだ。基部に大きな石を置き、上部になるにつれて小さめの石を積み上げた。高さは七〇センチメートルに達した。したがって大量の玉石が必要となり、石集めは大変な苦労であった。

潮が引くと魚がアロのなかに閉じ込められた。漁獲物はボラなどの小魚が中心であった。時にはウナギやイソガニなどもとれた。なお、松山（二〇〇四）には、漁業者が石積みの上に立ってアロをのぞき込んでいるイシガキゴモイ漁の貴重な写真が掲載されている。

三　沖縄の開口型の石干見

(1)　沖縄本島金武町の石干見（カチ）

沖縄本島金武町並里区には第二次世界大戦前、四基のカチ（石干見）があった。金武岬の北岸に屋号でいうチャーチャおよびトゥムイのカチ、億首川河口から宜野座村との境界までの海岸部にシンマのカチとカーバタングヮーのカチがあった。石積みの高さは場所により差はあるが、一・五～二メートルであった。面積は三〇〇から一〇〇〇坪におよんだ。満潮になると、カチのなかに魚群が入り込むころ合いを見計らって沖側の開口部をハージャで塞いだ。ハージャとはもともと河川で使用された囲網のことである。二つ割りにした山ダキをユウナ（オオハマボウ）の繊維で作った細縄で編んだ網である。旧盆前の真夜中、感潮域にこれを敷設し、上げ潮流に乗って遡上する魚群を捕獲し

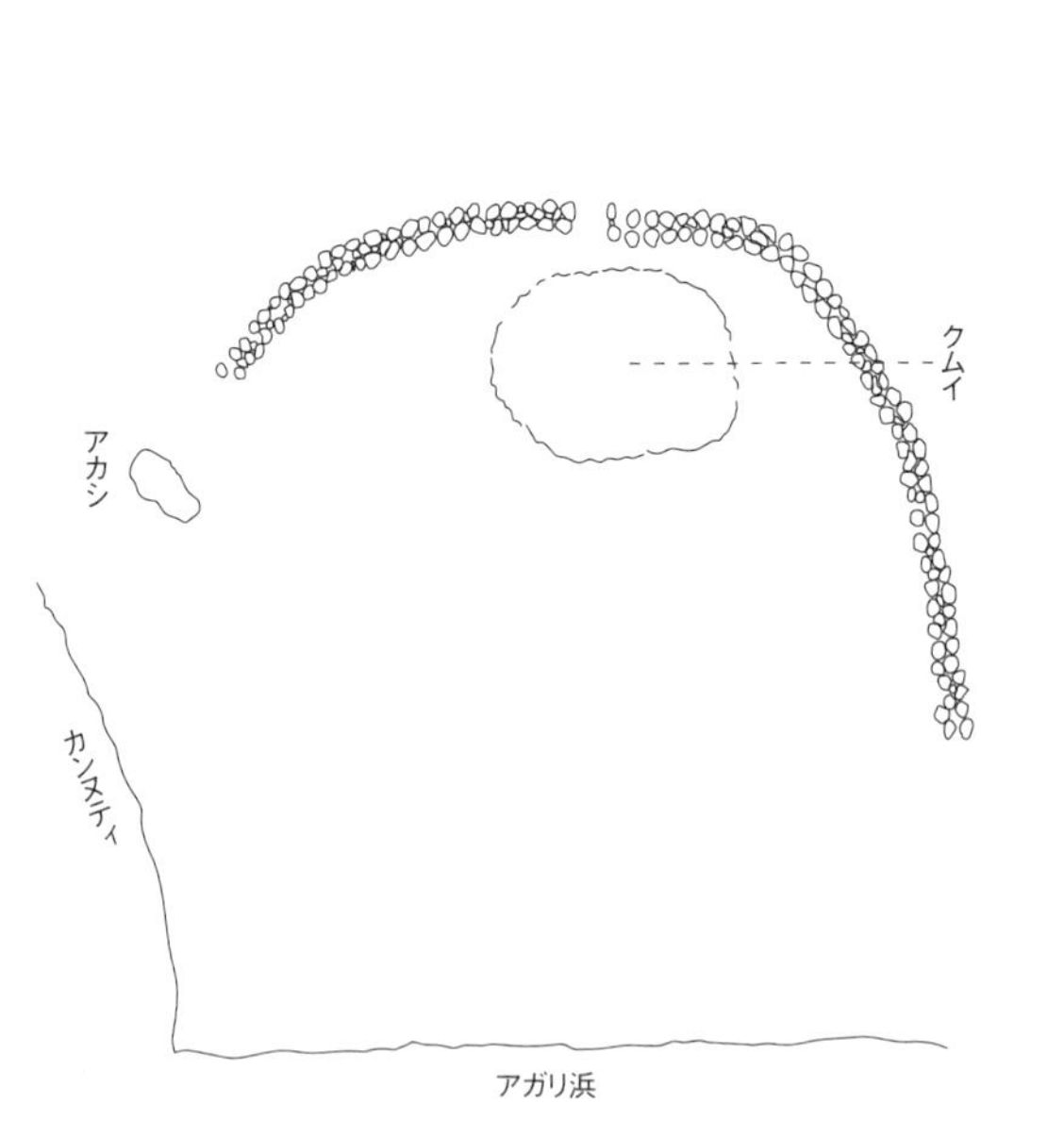

図2　渡名喜島の開口型のメーガキ

渡名喜村編（1983）による。

た。この漁具をカチにも用いたのである（並里区誌編纂委員会編 一九九八）。なお、二〇〇七年五月の並里区事務所への聞き取りによれば、これらのカチは、戦後、アメリカ軍が海岸部を接収して以降、補修されることもなく崩壊してしまった。カチを所有していた者で存命者はいないという。

(2) 渡名喜島の石干見（カキ）

沖縄本島の西の海上約六〇キロメートルに位置する渡名喜島にも、かつて開口型の石干見があった。その状況を渡名喜村編（一九八三）からながめてみよう。渡名喜島を巡らしている裾礁ではシオがひくとあちこちに潮だまりができ、沖へ出遅れた魚がここに溜まることが往々にしておきる。このような潮だまりのことはクムイと呼ばれる。人々がクムイを堰きとめると魚がとれることに気づき、石を積んだのがカキであるという。地元ではイシュガキとも呼んだ。イシュは漁撈を意味する。一九八〇年頃、メーガキ、イフガキ、クンシガキと呼ばれる三基のカキが現存していた。現存とはいってもわずかに原形を実際に漁がおこなわれるというのではなく、わずかに原形をとどめている程度であったと推察される。

魚群は、潮が満ちると一定の通路を通って浅いところへ、潮が引くと同じ通路を通って深いところへと移動する。この習性を利用してその通路にあたるところに磯浜に向かって高さ二尺（約六〇センチメートル）の石垣を八の字型に築き、干潮時に魚が自然にクムイにたまるようにしたものがカキである。図2はメーガキである。浜から三〇〇メートルほど離れた沖に半円形の環礁がある。その環礁の上にクルマー石（黒い堅い石）を運んで、二重、三重に二段ほどサンゴ石灰岩を積み上げた。クムイを包むように、左に一七〇メートル、右に一五〇メートルの石垣を袖状に延ばしている。二つの袖の間は開口部となっている。そこを網や木製の簀によって塞ぎ、魚群が逃げないようにした。

(3) 宮古列島伊良部島の石干見（カツ）

サンゴ石灰岩が数多く残る宮古列島伊良部島の佐和田浜には、かつて六基の石干見があった。地元では石干見のことをカツと呼ぶ。沖縄ではカキ（垣）と称する地域が多いが、カツはカキから転訛した呼称であろう。現在、残っているのは、長浜家が所有する一基のみである。その形状は不定形なV字である（写真8）。西に接する下地島に一九七三年に飛行場が造成され海岸が埋め立てられたために、西側の石垣（袖垣（ティ）という。ティは「手」の意）が大きく損なわれた形状となっている。V字の頂点にあたる部分は、幅の狭い長さ数メートルの水路状に造られ、最先端の部分は幅四〇～五〇センチメートルにわたって開口している。この開口部が捕魚部にあたる。ここはカツヌフグリ（カツの睾丸）と呼ばれる（写真9）。

カツの総延長は、捕魚部から東側の袖垣が四二七メートル、西側の袖垣が一〇五メートルに達する。カツの内側の総面積は約一二五〇〇平方メートルである（三輪 二〇一四）。石積みの高さは低いところで三〇センチメートル、高

写真８　伊良部島佐和田浜のカツ
2005年9月撮影。

写真９　カツの開口部：カツヌフグリ
2005年9月撮影。

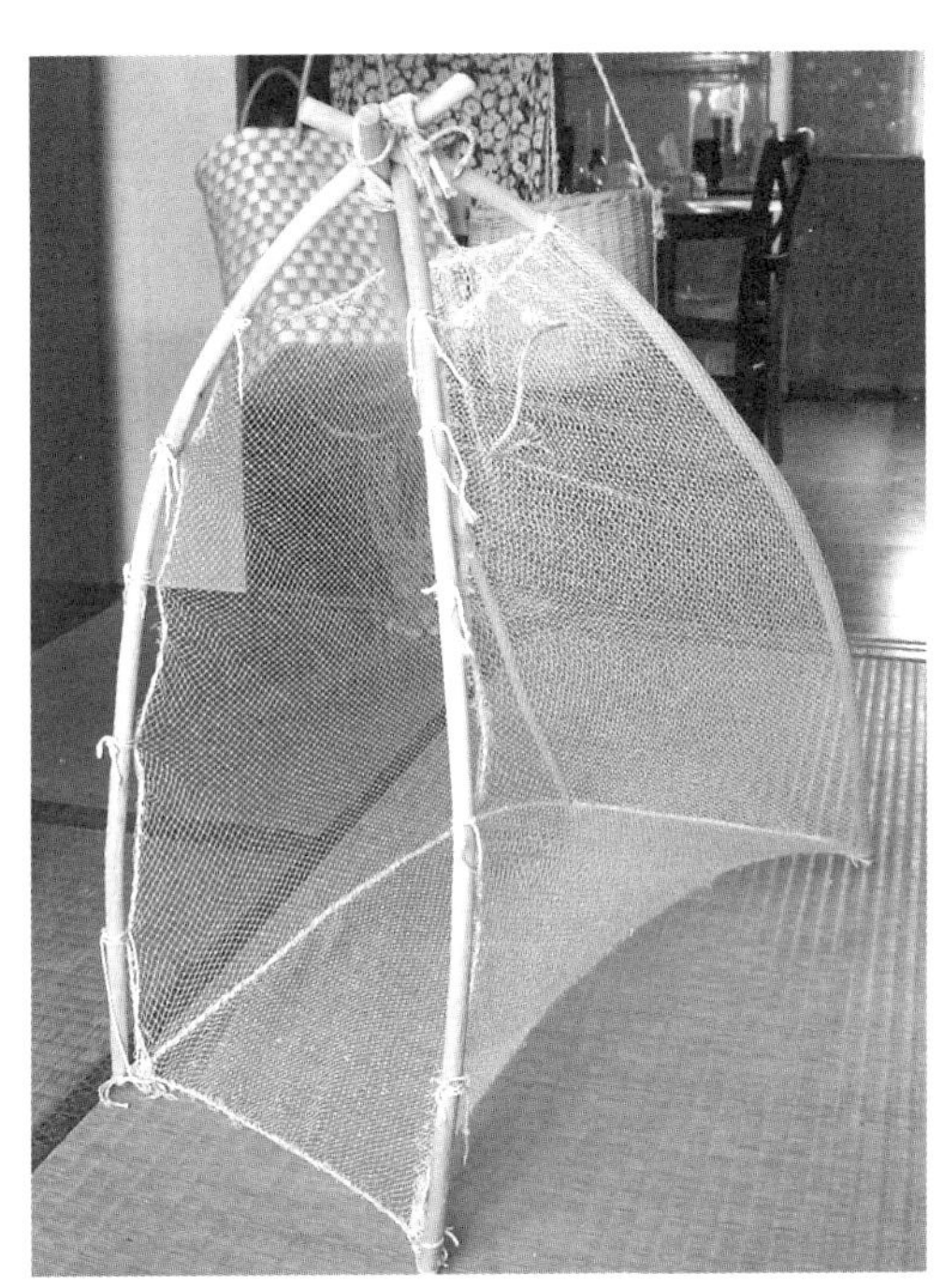

写真 10　カツアン
2005 年 9 月撮影。

いところで七〇センチメートル程度である。

　所有者の長浜トヨ氏によれば、海岸にある自然の大石をひとつの目標にしながら、それも垣の一部に取り込んで石を積んだという。石垣は湾曲するように積んだ。直線的に積むのはよくない。湾曲部はいわば魚の「隠れ家」となる。このようなカツの形態が、結果として魚を捕魚部へうまく導くことになる。

　満潮時に海中に没していたカツは、退潮とともに徐々に干出する。こうなると海水は、石積みの最上面を越えて流出することはなくなり、石積みの隙間から流れ出るほかは、水路に向かって一定の流れをかたちづくりながら流出する。水路の水深は二〇～三〇センチメートルである。そこでカツヌフグリの末端部にカツアン（カツ網）と呼ぶ小型のスクイ網を設えて、流れとともに泳いできた魚をすくいとる。これは、地方名でヤラブと呼ぶオトギリソウ科の常緑高木テリハボクの枝を枠組みとし、そこにナイロン製の漁網を張った小型の網である（写真10）。カツアンの後方にナガアミと呼ぶ刺網を敷設しておき、カツアンで獲りきれなかった魚を捕獲する工夫もした。

漁業活動は干潮になる二時間前あたりから開始する。その頃は袖垣の末端部分が干出している程度で、水位はまだ腰より上のあたりにある。カツ全体の石垣の上部が干出した頃には、大型の魚はすでに逃げてしまっており、漁獲は期待できないという。

宮古地域のカキは捕魚部の構造の違いによって、二類型に分けられる。一つが宮古島市狩俣にかつて分布していたカキに見られた捕魚部が袋型に築かれたタイプ、もう一つが伊良部島に見られたこの開口型のタイプである。佐渡山（二〇〇〇）は、袋型の石垣をもつタイプは浜からかなり離れたイノー（ラグーン）のなかにあり、しいていえば、「沖型のカキ」であるという。これに対して開口型のカキは、浜の近くの比較的浅いところに造られているものとしてとらえている。

(4) 石垣島の石干見（カキ）

喜舎場（一九三四）は、八重山の伝統的な漁法として一般にカキあるいはカキィ（垣）と呼ばれる石干見についてふれた。このカキの一種として図3のようなフチィカキィ（口垣）があった。図中、Aは海岸あるいは海岸に沿ったサンゴ礁、Bはカキのバタ（腹）、すなわち魚群の入り込む場所、Cは石垣、Dは魚群の入り込む入口でその幅は約二メートルである。このように魚群が移動する口を開けておくと、大潮、小潮の区別なく、いつでも魚群をカキの中へ誘い入れやすい。満潮時に魚群がカキに入り込んだならば、入り口部分に網を張って魚群が出られないようにするという仕掛けである。

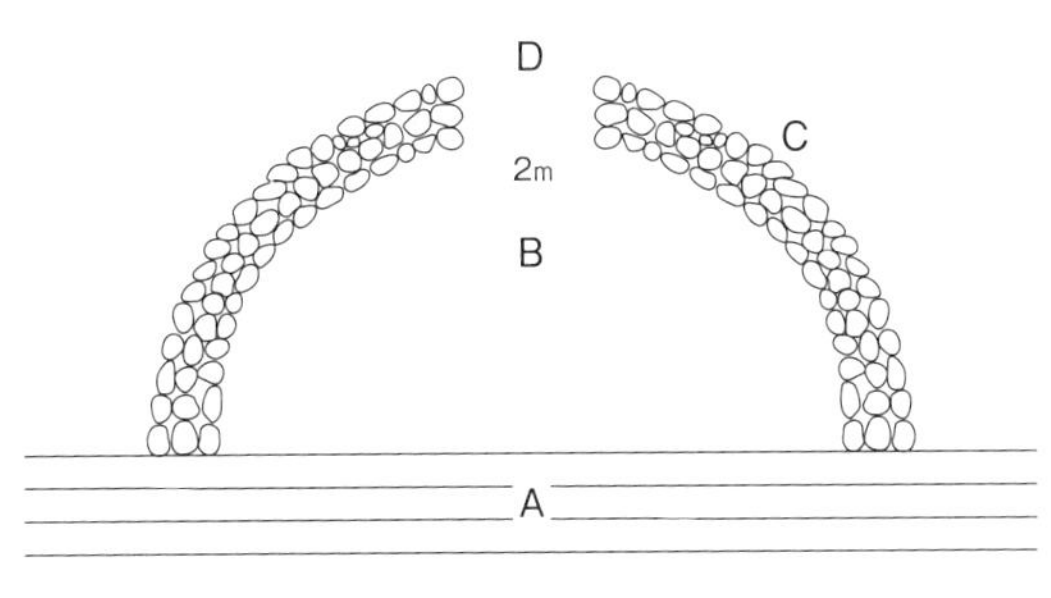

図3　八重山のフチィカキィ
喜舎場（1934）による。

喜舎場は、フチィカキィを利用しているところは宮良湾の西部に位置する大浜集落であり、この漁は古くからホウマイヅ（大浜魚）と呼ばれ八重山名物のひとつに数えられていたと記している。大浜農村生活誌編さん委員会編（一九八二）によると、大浜にはカキが合計八基あり、それらは慶田盛家のカキ、当山家のカキ、下野家のカキ、石野家のカキ、ナーニミジョカキ、ポーギカキ、ピーカキ、アーリミジョカキと呼ばれていた。第二次世界大戦前にはカキで相当大量の魚がとれたこと、数人による共同経営によるものと一人で経営されたものがあったことも記されている。

二〇〇五年七月、石垣市在住の郷土研究者である石垣繁氏より大浜のカキについての情報を得た。カキは重なるようにして構築されていたという。一つのカキの石積み（袖の部分）を別のカキの一部として使用し、全体としてうろこのような形状になっていた。石垣氏は、このことから、大浜の垣を複合型あるいは依存型というように分類している。なお、石積みの高さは、海岸から沖合に向けて五〇センチメートルから一メートルほどであった（記念事業実行委員会・編集委員会編　一九九八）。

ホウマイヅは、喜舎場（一九三四）の記述によると、この論文が発表されるより約三〇年前、すなわち一九〇〇年頃までは盛んにおこなわれていた。しかしその後、漁業を専業とするいわゆるイトマン（糸満）がこの地に入り、技術的に進んだ漁網を使って沖合で魚群を漁獲した。そのため魚群はフチィカキィに入ら

写真 11　大浜のカキ

1961 年撮影。写真提供：杉本尚次氏。

写真 12　大浜のカキの開口部分

1961 年撮影。写真提供：杉本尚次氏。

写真13　機上から見た大浜のカキ
1961年撮影。写真提供：杉本尚次氏。

ず、結果としてこの漁は衰退してしまった。喜舎場は、「現代では石垣だけあって、昔の名残を物語っている」とも記している。かつて八基あった大浜の垣のすべてがフチィカキィであったかどうかは不明である。

喜舎場の報告から約三〇年後の一九六一年、地理学者の杉本尚次が八重山調査に赴いた際、大浜を訪れ、カキの貴重な写真を撮影している（写真11～13）。当時、すでにカキ漁はおこなわれていなかったようである。写真12によると、開口部は二メートルどころか二〇メートル以上にわたって石が撤去されていることがわかる。機上から撮影された写真13を見ても開口部の幅はきわめて広い。この部分を長い漁網によって遮断したとは考えにくい。また一基の垣しか確認できず、他のカキが周辺に存在したか否かは不明である。

カキに使用されていたサンゴ石灰岩は戦時中、道路改修や飛行場建設に転用するために取り払われた。大浜農村生活誌編さん委員会編（一九八二）によれば、一九八〇年頃にはわずかの跡形を残すのみとなっていた。一九六〇年代以降の二〇年間のうちに、さらに多くの石が撤去されたと推察される。筆者も二〇〇〇年代に入ってから大浜を数回訪れたが、現在では杉本の航空写真が示す、下野家のカキと推定されるものの基底部の石が若干残っているだけで、干潮時におおよその形を確認できるにすぎない。

おわりに

開口型の石干見は、北九州の豊前海沿岸、有明海沿岸、奄美群島から沖縄諸島、宮古列島、八重山諸島の沿岸部まで各地に分布していた。

奄美大島の開口型の石干見（カキ）について考察した水野（二〇〇二）は、開口する最大の理由は落潮時間の短縮であるとしている。すなわち、下げ潮流になると、「閉鎖された」（開口型でない）石干見では石積みが壁となり、じわじわとしか落潮しない。これに対して開口している場合、開口部では海水は河川の流れのように急流となり、石積みの外へ流れ出る。これによって、漁獲可能な時間帯となる、潮が引ききるまでの待ち時間を短縮できるというのである。

筆者は、開口型の石干見が設けられる要因として、このような潮位変化を巧みにコントロールできること以外に、漁獲対象物や利用者の生業形態なども関係しているのではないかと考える。漁獲対象についていえば、大型魚をねらうか、小型魚を捕獲するかの違い、さらには石干見が、大型魚が多く接岸する場所にあるかそうでないか、ということが開口型の石干見を設けるか否かを決定するのではないだろうか。

宇佐市長洲にある開口型のヒビの主要な漁獲対象はアミ（小エビ類）であった。鹿島市嘉瀬浦のイシアバもアミを主たる漁獲物とした。アミを一度に漁獲するためには、干上がった石干見内を歩きまわって採捕したり、海水が完全に引ききらない水面においてタモ網類やサデ網類を用いて掬い取ったりすることは効率が悪い。それよりも、石干見内に水門をつくり、退潮時にその水門を遮る袋網のような陥穽漁具を敷設するほうが、漁獲効率は格段に高いし、魚体を傷めることもない。このように、開口型の石干見は甲殻類を含む小型魚を選択的に効率よく漁獲することを実現する構造であるといえる。

長崎県諫早市高来町に残る水ノ浦の石干見（スクイ）は開口型ではない。通常、大型の魚類を漁獲対象としている。よい潮時に石干見に出かければ、日々のおかずを手に入れることができたのである。時にはアミ類が多く入っていることもあった。しかし、アミ自体は石積みの下部に設けられた暗渠（オロクチという）にある柵を通り抜けて、石干見の外へ出てしまう。そこでこれをとる時には、石干見の外側に降りてオロクチから流れ出る水流を遮るようにタモ網を入れた。また、退潮時に沖側の積み石の上部の石を故意に崩して水路をつくり、そこから流れ出る海水とともに沖へ出ようとする小魚の群れをタモ網によってすくうこともあったという。

長洲のヒビと嘉瀬浦のイシアバのアミ漁の主たる漁期は、長洲が一〇月、一一月、嘉瀬浦が八月から一一月にかけてというように限定されていた。いずれの石干見でも自給的な日々の「おかずとり」よりもアミ漁が優先したのではないだろうか。アミの方に商品としての価値があったと考えられるからである。石干見の所有者は稲作に従事する農業者が多かった。アミの漁期が農閑期にあたったことから、農業が支障をきたすことは少なかったであろう。しかも漁獲物の一部は農業用の肥料になるなど、農業に対するメリットも十分にあった。

最後に今後の研究課題をあげておこう。開口型の石干見と補助漁具の敷設のしやすさとは何らかの関係性を有していないであろうか。そのヒントは、河川漁で使用された奄美大島のハジャと沖縄本島金武町で見られたハージャを用いたカキの構築のなかに潜んでいるとも考えられる。また、開口型の石干見だけにとどまるものではないが、この漁具を自給的な「おかずとり用」として利用したか、あるいは主として収益を得るために用いたかについての検討も、石干見の漁業活動をさらに考えるうえで重要な視点となるであろう。

注

（1）桃田氏の父は一九四七（昭和二二）年に他界した。氏は、その後数年間、ヒビを経営したという。
（2）久保氏によると、二名が手伝いに行ったという。手伝いをした一九三七（昭和一二）年頃には、新開桃太郎氏がヒビを所有していた。その後、息子の新開繁俊氏が所有権を継いだ。
（3）鹿島市史編纂委員会編（一九七四）には「サデ網と呼ぶ長い袋網を据えて置く」との記述もある。なお、「石アバと漁獲景観――嘉瀬ノ浦海岸」と説明のある写真も掲載されている。開口部には網が敷設され、漁業者が石積みの上にしゃがんで漁を続けている。
（4）干潟（ガタ）の泥土を陸に揚げ、半年ほど干して塩抜きすることによって腐植土に仕上げた。これを客土として田畑に入れた。これもよい肥料の役割を果たした。
（5）メナダは、この地方ではいわゆる出世魚であり、幼魚から順にエビナゴ、エビナ、アカメ、ヤスミと呼ばれた。
（6）イシガキゴモイが所収されている章「海――徳之島今昔」の初出論文は、南海日日新聞に一九七七年八月二七日から一九七八年四月一五日にかけて連載された。

参考文献

大浜農村生活誌編さん委員会編（一九八二）『大浜農村生活誌』同委員会。

小野重朗（一九七三）「奄美大島のカキ（石干見）」、鹿児島県教育委員会編『鹿児島県文化財調査報告書』第二〇集、同委員会、二四―四〇頁。

鹿島市史編纂委員会編（一九七四）『鹿島市史』鹿島市。

喜舎場永珣（一九二四）「八重山における舊来の漁業」、『島』二、一九九―三二二頁（喜舎場（一九七七）『八重山民俗誌 上巻』沖縄タイムス社、五〇―七八頁に所収）。

記念事業実行委員会・編集委員会編（一九九八）『設立四〇周年記念誌 大浜アカハチ会』大浜アカハチ会。

七浦学校同窓会編（一九九二）『ふるさと七浦誌』鹿島市七浦公民館。

佐渡山正吉（二〇〇〇）「イノーの民俗」、宮古研究八、一〇―二一頁。

武田　淳（一九九四）「イノー（礁池）の採捕経済――サンゴ礁海域における伝統漁法の多様性――」、九学会連合地域文化の均質化編集委員会編『地域文化の均質化』平凡社、五一―六八頁。

田和正孝（二〇〇二）「石干見研究ノート――伝統漁法の比較生態」、『国立民族学博物館研究報告』二七―一、一八九―二二九頁。

渡名喜村編（一九八三）『渡名喜村史 下巻』渡名喜村。

並里区誌編纂委員会編（一九九八）『並里区誌 戦前編』並里区事務所。

西村朝日太郎（一九七九）「生きている漁具の化石――沖縄宮古群島における kaki の研究」、民族学研究四四―三、二二三―二五九頁。

松山光秀（二〇〇四）『徳之島の民俗二 コーラルの海のめぐみ』未来社。

水野紀一（一九八〇）「奄美群島の石干見漁撈」、史観一〇三、一一―二七頁。

水野紀一（二〇〇二）「南西諸島の石干見漁撈」、早稲田大学高等学院研究年誌四六、一三―二六頁。

水野紀一（二〇〇七）「奄美諸島および五島列島の石干見漁撈」、田和正孝編『石干見』法政大学出版局、一一五―一五〇頁。

三輪大介（二〇一四）「魚垣の文化」、田和正孝編『石干見に集う――伝統漁法を守る人びと』関西学院大学出版会、三七―五二頁。

藪内芳彦（一九七八）『漁撈文化人類学の基本的文献資料とその補説的研究』風間書房。

おわりに

私が石干見という漁具を知ったのは、沿岸漁業の研究を志した一九七〇年代後半です。実際に石干見を見たのは、一九八九年、台湾本島西海岸、苗栗県の外埔里という集落の海岸部でした。書物や写真でイメージしていたもの以上に壮大なスケールに圧倒されたのを記憶しています。それ以来、石干見のことを気にとめつつ過ごしているうちに、いつの間にか三〇年近くがたってしまいました。この間、石干見をめぐる状況は大きく変化したように感じます。少なからぬ国内外の石干見研究者と出会い、また、地域振興、文化振興などに携わる地方行政機関の方々、石干見を保全・再生し、さらには活用しようと努力を惜しまない各地の市民グループの皆さんから多くのことを学びました。私にとって決して主軸ではなかった石干見研究は、今では大切なテーマとなっています。

私は、石干見について五つの研究課題を設定しています。それらは、①石干見の歴史に関する研究、②石干見の名称をめぐる研究、③石干見のデータベースの作成、④石干見の漁業活動に関する研究、そして⑤石干見の保存・再生・活用をめぐる研究です。特に⑤の石干見の保存・再生・活用に関わる研究は、自らにとっては最も距離を感じる研究テーマでしたが、近年、大きな広がりを持つようになってきました。石干見が旧来の文化財という枠だけにとどまらず、広い意味での文化遺産のひとつとして位置づけられ、保全や保護運動とも結びつくようになってきました。学生に石干見について語るとき、「たかが石干見、されど石干見」と意味深長な表現でもって、この漁法をとりまく近年の動きを伝えようとすることがあります。今、この分野の研究視点をきちんと定義づける必要があると強く感じています。その点においても今回のリブレットの発刊は意義深いと自負するものです。

今回も多くの方々が、石干見研究の発展にご賛同くださり、貴重な論文・報告を寄稿くださいました。執筆いただいた皆様にこの場を借りてお礼を申し上げます。石干見を再生・活用している大分県宇佐市長洲の市民団体「長洲アーバンデザイン会議」の嶌田久生さんからは、本書の刊行に際して、長洲の石干見に関する数多くの資料と写真をお預かりしました。今回は、それらの資料類をもとにした文章を掲載するには至らずお詫びしなければなりませんが、私自身も長洲での調査研究をさらに進め、アーバンデザイン会議の皆さんとともに論文を完成させることを約束したいと思います。また続編を計画する楽しみができました。

最後になりますが、刊行をいつも快くお引き受けくださる関西学院大学出版会の皆様に心よりお礼を申し上げます。

二〇一七年九月

編　者

【執筆者】（五十音順）

岩淵聡文（いわぶち・あきふみ）　第1章
　東京海洋大学大学院海洋科学技術研究科教授

上村真仁（かみむら・まさひと）　第2章
　筑紫女学園大学現代社会学部准教授

楠　大典（くすのき・だいすけ）　第3章
　みんなでスクイを造ろう会 会長

田和正孝（たわ・まさたか）　第4章
　関西学院大学文学部教授

K.G. りぶれっと　No. 42

石干見（いしひび）のある風景

2017年12月25日 初版第一刷発行

編　者　田和正孝

発行者　田中きく代
発行所　関西学院大学出版会
所在地　〒662-0891
　　　　兵庫県西宮市上ケ原一番町1-155
電　話　0798-53-7002

印　刷　協和印刷株式会社

Printed in Japan by Kwansei Gakuin University Press
ISBN 978-4-86283-250-4

関西学院大学出版会「K・G・りぶれっと」発刊のことば

大学はいうまでもなく、時代の申し子である。

その意味で、大学が生き生きとした活力をいつももっていてほしいというのは、大学を構成するもの達だけではなく、広く一般社会の願いである。

研究、対話の成果である大学内の知的活動を広く社会に評価の場を求める行為が、社会へのさまざまなメッセージとなり、大学の活力のおおきな源泉になりうると信じている。

遅まきながら関西学院大学出版会を立ち上げたのもその一助になりたいためである。

ここに、広く学院内外に執筆者を求め、講義、ゼミ、実習その他授業全般に関する補助教材、あるいは現代社会の諸問題を新たな切り口から解剖した論評などを、できるだけ平易に、かつさまざまな形式によって提供する場を設けることにした。

一冊、四万字を目安として発信されたものが、読み手を通して〈教え―学ぶ〉活動を活性化させ、社会の問題提起となり、時に読み手から発信者への反応を受けて、書き手が応答するなど、「知」の活性化の場となることを期待している。

多くの方々が相互行為としての「大学」をめざして、この場に参加されることを願っている。

二〇〇〇年　四月